Indice des valeurs unitaires à l'exportation de la Côte d'Ivoire

Djamal Acyl Moustapha

Indice des valeurs unitaires à l'exportation de la Côte d'Ivoire

Analyse et prévisions à court terme

Éditions universitaires européennes

Impressum / Mentions légales
Bibliografische Information der Deutschen Nationalbibliothek: Die Deutsche Nationalbibliothek verzeichnet diese Publikation in der Deutschen Nationalbibliografie; detaillierte bibliografische Daten sind im Internet über http://dnb.d-nb.de abrufbar.
Alle in diesem Buch genannten Marken und Produktnamen unterliegen warenzeichen-, marken- oder patentrechtlichem Schutz bzw. sind Warenzeichen oder eingetragene Warenzeichen der jeweiligen Inhaber. Die Wiedergabe von Marken, Produktnamen, Gebrauchsnamen, Handelsnamen, Warenbezeichnungen u.s.w. in diesem Werk berechtigt auch ohne besondere Kennzeichnung nicht zu der Annahme, dass solche Namen im Sinne der Warenzeichen- und Markenschutzgesetzgebung als frei zu betrachten wären und daher von jedermann benutzt werden dürften.

Information bibliographique publiée par la Deutsche Nationalbibliothek: La Deutsche Nationalbibliothek inscrit cette publication à la Deutsche Nationalbibliografie; des données bibliographiques détaillées sont disponibles sur internet à l'adresse http://dnb.d-nb.de.
Toutes marques et noms de produits mentionnés dans ce livre demeurent sous la protection des marques, des marques déposées et des brevets, et sont des marques ou des marques déposées de leurs détenteurs respectifs. L'utilisation des marques, noms de produits, noms communs, noms commerciaux, descriptions de produits, etc, même sans qu'ils soient mentionnés de façon particulière dans ce livre ne signifie en aucune façon que ces noms peuvent être utilisés sans restriction à l'égard de la législation pour la protection des marques et des marques déposées et pourraient donc être utilisés par quiconque.

Coverbild / Photo de couverture: www.ingimage.com

Verlag / Editeur:
Éditions universitaires européennes
ist ein Imprint der / est une marque déposée de
OmniScriptum GmbH & Co. KG
Heinrich-Böcking-Str. 6-8, 66121 Saarbrücken, Deutschland / Allemagne
Email: info@editions-ue.com

Herstellung: siehe letzte Seite /
Impression: voir la dernière page
ISBN: 978-3-8416-6696-3

ANALYSE DE L'ÉVOLUTION DE L'INDICE DES VALEURS UNITAIRES À L'EXPORTATION DE LA CÔTE D'IVOIRE DE 2000 À 2012 ET PRÉVISIONS À COURT TERME

DÉDICACE

A

Mes chers parents, frères et sœurs, si aimables.

REMERCIEMENTS

La rédaction de ce projet de fin d'année n'a été possible que grâce au soutien et la disponibilité de certaines personnes. Nous tenons à exprimer notre gratitude à tous ceux qui de près ou de loin ont contribué à sa réalisation.

Nos remerciements vont à la Direction Générale de l'Institut National de la Statistique de Côte d'Ivoire, pour nous avoir autorisé à faire un stage au sein de ladite structure.

Nous tenons à remercier plus particulièrement M. LIGBET Magloire, Chef de Division de La Comptabilité Nationale. Notre gratitude va à l'endroit de M. MBAYE Philippe, Chef de Cellule du Commerce Extérieur, notre encadreur. Nous pensons également aux agents et cadres du Département des Statistiques et Synthèses Economiques pour leur collaboration et pour la convivialité dans laquelle le stage s'est déroulé.

Nous adressons notre profonde reconnaissance à l'ensemble du corps administratif et professoral de l'ISSEA pour l'encadrement pédagogique.

Une pensée particulière pour notre ami SOBZE JORDAN pour son soutient qui n'a jamais fait défaut en toute situation. Qu'il sache que nous lui sommes reconnaissants.

SOMMAIRE

SIGLES ET ABRÉVIATIONS

AFRISTAT :   *Observatoire Économique et Statistique d'Afrique Subsaharienne*

ANOVA :   *Analysis of variance*

AR :   *Auto Régressif*

ARMA :   *Auto Régressif Moving Average*

CVS :   *Corrigé de Variations Saisonnières*

DCARRE :   *Département de la Coordination de l'Action Régionale et des Relations Extérieures*

DDSS :   *Département de la Démographie et des Statistiques Sociales*

DERID :   *Département des Études, de la Recherche, de l'Ingénierie et de la Diffusion*

DF :   *Dickey-Fuller*

DFB :   *Département des Finances et Budgets*

DOIG :   *Département de l'Organisation de l'Information pour la Gouvernance*

DRHAS :   *Département des Ressources Humaines et des Affaires Sociales*

DS :   *Differency Stationary*

DSSE :   *Département des Statistiques et Synthèses Économiques*

EPIC :   *Établissement Public à caractère Industriel et Commercial*

INS :   *Institut National de la Statistique*

IGGA :   *Indice Global en Glissement Annuel*

IPBT :   *Indice des « Produits alimentaires, Boisson, Tabac »*

IPBTGA :   *Indice des « Produits alimentaires, Boisson, Tabac » en Glissement Annuel*

IPBTGM :   *Indice des « Produits alimentaires, Boisson, Tabac » en Glissement Mensuel*

ISSEA :   *Institut Sous-régional de Statistique et d'Economie Appliquée*

IVU :   *Indice de Valeurs Unitaires*

MA :   *Moving Average*

MCO :   *Moindres Carrés Ordinaires*

NOPEMA :   *Nomenclature des Produits des Etats Membres d'AFRISTAT*

OCM :   *Office Central de Mécanographie*

OMD :   *Organisation Mondiale des Douanes*

PIB : Produit Intérieur Brut

SAAIC : Service Autonome d'Audit et de Contrôle

SH : Système Harmonisé

SIGC : Système d'Information Géographique et Cartographique

TS : Trend Stationary

LISTE DES TABLEAUX

LISTE DES GRAPHIQUES

AVANT-PROPOS

L'Institut Sous-régional de Statistique et d'Economie Appliquée (ISSEA) est une école spécialisée de la Communauté Economique et Monétaire de l'Afrique Centrale (CEMAC), créée pour, entre autres, la formation initiale et continue des cadres statisticiens de l'Afrique francophone. Elle propose trois cycles de formation : le cycle des Techniciens Supérieurs de la Statistique (TSS), celui des Ingénieurs d'Application de la Statistique (IAS) et celui des Ingénieurs Statisticiens Economistes (ISE).

Arrivés à leur troisième année de formation, les élèves ingénieurs d'application de la statistique, doivent faire un stage académique d'au moins deux mois dans le but de mettre en pratique les connaissances acquises durant les trois premières années de leur formation.

Le présent projet est le résultat de trois mois (du 01 juillet 2014 au 30 septembre 2014) de stage à l'INS de la Côte d'Ivoire. Il s'intitule *«Analyse de l'évolution de l'indice des valeurs unitaires à l'exportation de la Côte d'Ivoire de 2000 à 2012 et prévisions à court terme»*. Le but de cette étude est de décrire et d'expliquer dans un premier temps l'évolution de l'indice des valeurs unitaires à l'exportation de la Côte d'Ivoire entre 2000 et 2012, puis de construire un modèle de prévision dudit indice.

RÉSUMÉ

Dans cette étude, nous nous sommes fixés pour objectif de décrire et prévoir l'indice de valeurs unitaires à l'exportation de la Côte d'Ivoire. Nous disposons des données mensuelles relatives à cet indice, de janvier 2000 à décembre 2012. Nous avons exploré ces données au moyen de statistiques descriptive et inférentielle.

La partie descriptive de ce travail révèle que le groupe «produits alimentaires, boissons, tabac» (dont cacao et ses préparations) joue un rôle déterminant dans les fluctuations de l'indice global, avec un poids de 46%. L'indice global évolue en dessous de 45% en glissement annuel, et ne dépasse pas 11% (maximum 10,62%) en glissement mensuel. Egalement, l'évolution de l'indice global n'est pas épargnée des effets de la crise qu'a connu le pays notamment celle de 2002, sans oublier la crise mondiale de 2008 ; au cours desquels l'indice accuse respectivement la valeur de 44,89% (en octobre) et de 31,18% (en juin) en glissement annuel.

Afin de mieux comprendre la dynamique de cet indice et faire des prévisions, nous nous sommes attelé à identifier les différentes composantes de la série chronologique mise à notre disposition, ainsi que le processus générateur de cette dernière. Une analyse de la variance nous a permis de conclure que l'indice est exempt de variations saisonnières et gouverné par une tendance déterministe linéaire. En appliquant rigoureusement la méthode de Box-Jenkins, le processus ARMA(1,2) est le processus stochastique le mieux adapté pour représenter et modéliser notre chronique sur la période considérée. Nous avons alors effectué des prévisions, puis relevé une légère progression de l'indice au cours de six premiers mois de l'année 2013.

INTRODUCTION GÉNÉRALE

Avec la mondialisation, il serait difficile pour une économie de prétendre pouvoir vivre en autarcie, sur la base de ses ressources exclusivement nationales. C'est ainsi que les échanges commerciaux, ont su se développer dans le temps, et constituent aujourd'hui un paramètre économique clé d'un grand nombre de nations de nos jours.

La Côte d'Ivoire à l'instar des autres pays africains participe aux échanges extérieurs auxquels elle accorde une place de choix. Ainsi, depuis son accession à l'indépendance en 1960, elle a adopté des stratégies de développement fondées sur les marchés extérieurs, précisément celle de la valorisation des exportations, cherchant ainsi à mettre en valeur ses avantages afin de favoriser l'entrée de capitaux propices au développement.

En effet, ces stratégies reposent sur les principes de libre-échange tels qu'ils ont pu être définis par David RICARDO : « *le commerce entre deux pays peut être bénéfique pour les deux pays si chaque pays exporte les biens pour lesquels il possède un avantage comparatif* »[1], même s'ils ne sont toujours pas respectés à la lettre. Selon ces principes, un pays a intérêt à exporter les biens qu'il produit à des coûts relatifs bas et à importer les biens dont la production est coûteuse.

Pour pouvoir suivre l'évolution des échanges extérieurs, échanges dont la part représente 78,8%[2] du PIB, des indicateurs, notamment, les indices de prix sont couramment utilisés par les Instituts Nationaux de Statistique de différents pays et par les institutions internationales. L'un de ces indices est l'Indice de Valeur Unitaire (IVU). Cet indice est une valeur moyenne obtenue à partir du rapport quantité/valeur calculé sur la base d'un échantillon de produits représentatifs. Il s'agit d'un indice de type Laspeyres, qui est calculé selon plusieurs périodicités. La Côte-d'Ivoire, pour sa part, utilise une périodicité mensuelle.

Aussi faut-il noter que les échanges ont connu diverses fluctuations tout au long de cette dernière décennie. Les thèses les plus avancées pour expliquer ces fluctuations sont les crises internes qu'a connues le pays. A cela s'ajoute la crise mondiale de 2008. Ces crises auraient eu des répercussions sur les échanges et par ricochet sur les prix des biens échangés ou l'IVU.

Il est dès lors opportun de cerner tous les paramètres qui concourent à la fluctuation de l'IVU dans le temps, plus précisément, d'avoir une meilleure idée sur la tendance que suit cet indice

---

[1] Paul R.KRUGMAN et MAURICE Obstfeld, dans *Économie Internationale*, 4ème édition, De Boeck Université, Bruxelles 2003.Page 15
[2] Source : BAD, OCDE, PNUD (2014), *perspectives économiques en Afrique : Côte d'Ivoire*, Africaneconomicoutlook, p.7

et partant, d'avoir une excellente connaissance de l'évolution à court terme de ce dernier afin de mieux orienter les politiques.

C'est dans cette optique que nous nous sommes penchés sur les questions suivantes :

- ✓ Quelle a été l'évolution de l'indice des valeurs unitaires à l'exportation entre 2000 et 2012 ?
- ✓ Existe-t-il une saisonnalité dans cette évolution ?
- ✓ Comment se comporte l'évolution de fond de cet indice ?
- ✓ Quelle est la forme (ou le type) du processus qui a généré la série de cet indice ?
- ✓ Au regard de cette évolution, quelles peuvent être les prévisions à des dates futures dudit indice ?

L'objectif principal poursuivi par ce travail est de décrire, expliquer et prévoir à court terme l'indice des valeurs unitaires à l'exportation. Plus spécifiquement, il s'agit de :

- ✓ décrire et d'expliquer le mieux possible, l'évolution de l'indice des valeurs unitaires à l'exportation sur la période considérée ;
- ✓ Déterminer le processus ayant généré cet indice ;
- ✓ Prévoir à court terme ledit indice.

Pour répondre aux questions posées, nous avons structuré ce travail en trois chapitres. Dans le premier chapitre, nous allons présenter la structure d'accueil, aborder les généralités sur l'IVU et présenter la méthodologie de notre étude. Dans le second chapitre, nous allons décrire et expliquer l'évolution de l'IVU et mettre en évidence les différentes composantes qui gouvernent notre chronique. Dans le dernier chapitre, nous allons construire un modèle de prévision en mobilisant le procédé de Box-Jenkins.

CHAPITRE 1 : CADRE DE L'ÉTUDE ET GÉNÉRALITÉS CONCEPTUELLES

Ce chapitre se donne pour objectif dans ses deux premières parties de présenter la structure dans laquelle notre stage s'est déroulé et d'aborder les généralités sur les indices des valeurs unitaires. La dernière partie sera consacrée à la présentation de la méthodologie utilisée pour l'étude.

I.   PRÉSENTATION DE LA STRUCTURE D'ACCUEIL

1.1 Historique de la structure d'accueil

L'Institut National de la Statistique (INS) de la Côte d'Ivoire a été créé en 1946. Sa vocation principale est de produire des statistiques et de réaliser des enquêtes sur tout le territoire ivoirien pour le compte de l'administration publique et du secteur privé. Jusqu'en 1965, l'INS était seulement une Direction de la statistique composée de trois sous Directions : la Direction des études de développement, le service de la comptabilité nationale et l'Office Central de Mécanographie[3](OCM). Dès 1991, la Direction de la Statistique et de la Comptabilité Nationale connait un autre statut juridique et devient un Établissement Public à caractère Industriel et Commercial (EPIC) dénommé « Institut National de la Statistique (INS) ». Depuis Décembre 1996, l'INS a reçu un statut de Société d'État en vue de lui donner les moyens matériels, financiers et humains.

1.2 Organisation et missions de l'Institut

Pour remplir efficacement ses missions, l'INS est organisé en 7 départements composés de Divisions. Il existe aussi des services notamment le Secrétariat Général et le Service Autonome d'Audit et de Contrôle (SAAC). L'organigramme de la structure est présenté en annexe (cf. tableau 6). Les différents départements sont :

✓ Le Département des Statistiques et Synthèses Économiques (DSSE) : chargé de produire les statistiques nationales et d'élaborer les comptes nationaux ;

✓ Le Département des Études, de la Recherche, de l'Ingénierie et de la Diffusion (DERID) : chargé de réaliser les études économiques et sociopolitiques, de sensibiliser sur l'importance de l'information statistique ;

---

[3]Emploi de machines à cartes perforées pour les travaux de comptabilité

✓ Le Département des Finances et Budgets (DFB) : chargé d'élaborer le Budget de l'INS, de suivre son exécution et de gérer la trésorerie ;

✓ Le Département de la Démographie et des Statistiques Sociales (DDSS) : chargé de réaliser les recensements généraux de la population, les enquêtes sur les conditions de vie des ménages et sur l'emploi. Il est chargé aussi d'élaborer des projections de population et de fournir les indicateurs nécessaires à l'élaboration des politiques de lutte contre la pauvreté, et de promouvoir le développement durable ;

✓ Le Département de la Coordination de l'Action Régionale et des Relations Extérieures (DCARRE) : chargé de concevoir et de suivre l'exécution des études socio-économiques et démographiques au niveau régional, de coordonner, d'assurer le développement des échanges entre l'INS et les services ayant les mêmes missions existant dans d'autres organismes nationaux et internationaux ;

✓ Le Département de l'Organisation de l'Information pour la Gouvernance (DOIG) : chargé de définir et d'orienter la politique de l'organisation des données statistiques disponibles à l'INS par la gestion du Système d'Information Géographique et Cartographique (SIGC) et la révision de la liste électorale pour le compte de la structure nationale en charge des élections ;

✓ Le Département des Ressources Humaines et des Affaires Sociales (DRHAS) : chargé de gérer les ressources humaines de l'INS (rémunération du personnel permanent de l'INS, conception et mise en œuvre du plan de formation et de gestion de la carrière du personnel).

Rattaché au Ministère du Plan et du Développement, l'INS a pour mission de :

✓ élaborer les Comptes de la Nation ;

✓ assurer sur le plan national la cohérence, la centralisation puis la synthèse et la diffusion de l'ensemble des données statistiques, économiques et démographiques collectées par les organismes parapublics ;

✓ assurer la liaison avec les institutions statistiques au plan national et international ainsi qu'avec des organismes internationaux ;

✓ réaliser des études socio-économiques.

1.3 Attributions du Département de Statistiques et Synthèses Economiques

Ce département est composé de trois divisions : la Comptabilité Nationale, la division Entreprises et Commerce et enfin de la division Ressources Agricoles et Minières. Il élabore les comptes nationaux et les synthèses des activités économiques. En outre, il constitue une banque de données financières concernant les entreprises de Côte d'Ivoire en assurant la collecte, le traitement et la mise à jour des statistiques sectorielles des administrations publiques et privées. Il fournit les indicateurs de conjoncture et de prévision. Il élabore les indicateurs nécessaires au suivi de la politique de lutte contre la pauvreté.

1.4 Déroulement du Stage

Le stage a effectivement commencé le lundi 14 juillet 2014. Nous avons d'abord été reçus par le chef du Département des Statistiques et Synthèses Economiques de l'INS qui nous a communiqué les modalités pratiques du stage et nous a mis en contact avec la Division de la Comptabilité Nationale. L'horaire de travail était de 7h 30 à 18h 00 du lundi au vendredi. Pendant le stage, hormis la rédaction de ce projet de stage, nous avons participé au test du masque de saisie des états financiers des entreprises et avons pris part aux séances de formation sur le logiciel X-TRAMO. Globalement, notre stage s'est déroulé dans des bonnes conditions.

II. GÉNÉRALITES SUR L'INDICE DES VALEURS UNITAIRES

De façon générale, un indice[4] permet de résumer des questions multidimensionnelles pour soutenir des décisions de politiques. En outre, il donne une facilité d'interprétation des tendances économiques à partir d'indicateurs distincts. L'indice permet de transmettre plus simplement des informations complexes et difficilement déchiffrables par le public. Il sert ainsi de moyen de communication avec le grand public non nanti des méthodes statistiques.

2.1 Définition de l'indice de valeurs unitaires

L'indice des valeurs unitaires (IVU) du commerce extérieur permet d'obtenir une estimation de l'évolution des prix moyens des biens importés ou exportés[5]. De ce fait, il représente un outil indispensable à la compréhension du commerce extérieur et de son évolution. L'IVU est élaboré par l'INS à partir de statistiques en valeur et en quantité (masse ou nombre d'unités), détaillées par produit et par pays. Ce n'est pas un indice de prix au sens strict mais un indice de valeur moyenne traduisant l'évolution du ratio valeur/quantité échangée par rapport à une période de référence[6].

---

[4] BERTHIER Jean-Pierre (2000), *Introduction à la pratique des indices statistiques*, Note de cours, page 6
[5] INSEE (2004), *Indices de valeur unitaire du commerce extérieur*, Note méthodologique, p.1
[6] *http://www.insee.fr/fr/bases-de-donnees/bsweb/doc.asp*. 26 Aout 2014,22H 31 GMT

2.2 Sources de données

Le calcul de l'indice des valeurs unitaires se fonde sur les statistiques du commerce extérieur. Ces statistiques sont des données brutes provenant essentiellement des services de la Douane. Elles sont fournies pour tous les produits ayant fait l'objet d'une déclaration d'exportation ou d'importation (d'où l'appellation de commerce officiel ou spécial dans le vocabulaire du commerce international), en valeur et en volume, par mois.

Les données utilisées dans la présente étude sont mensuelles (de janvier 2000 à décembre 2012, soit 156 observations) et proviennent de la base des données informatiques de l'INS gérée par la Cellule du commerce extérieur. Les indices calculés à partir de ces données sont de type Laspeyres, base 100 en 2010.

2.3 Nomenclatures du Commerce Extérieur

L'élaboration des statistiques du commerce extérieur se fait sur la base des nomenclatures qu'il convient de spécifier. Cependant, la plupart de pays membres d'AFRISTAT utilisent le Système harmonisé de codification et de désignation des marchandises (SH). Le Système harmonisé de désignation et de codification des marchandises, "Système harmonisé" ou "SH", est une nomenclature internationale élaborée par l'Organisation Mondiale des Douanes (OMD). Ce Système est utilisé par plus de 190 pays et repose sur des règles bien déterminées, ce qui contribue à l'harmonisation des régimes douaniers, des procédures commerciales et douanières et à faciliter l'échange des données commerciales[7]. Beaucoup de positions du SH sont définies en fonction de l'origine naturelle ou du matériau de fabrication. Certains produits sont également classés selon leur branche d'activité ou leur principal usage. Le SH de 1996 compte 5113 sous positions et 1241 positions, groupées en 97 chapitres et en 21 sections[8]. L'ensemble forme un système gigogne à emboîtement direct : SH2 – SH4 – SH6 – SH8 pour respectivement 2, 4, 6 et 8 positions. Il existe d'autres nomenclatures :

✓ CGCE : Classification par Grandes Catégories Economiques ;
✓ CTCI : Classification Type pour le Commerce International ;

Afin de rendre comparables les statistiques produites avec celles des autres pays membres d'AFRISTAT, la NOPEMA pourrait être adoptée en utilisant une table de passage. La

---

[7] *http://www.wcoomd.org/fr/topics/nomenclature/overview/what-is-the-harmonized-system*, 26Aout 2014, 12H45 GMT
[8] CENTRE DU COMMERCE INTERNATIONAL (2009), *Statistiques du commerce pour le développement international des entreprises*, Guide d'utilisateur, page 80.

nomenclature utilisée dans le cadre des indices du commerce extérieur est donc le Système Harmonisé (SH) de désignation et de codification des marchandises.

2.4 Choix de la période de base

La période de base correspond généralement à une année civile dite « année de base ». C'est une année jugée «normale» ou «conforme à la moyenne», qui ne présente pas des influences particulières sur l'activité économique (c'est-à-dire ni forte croissance, ni faible croissance)[9]. Ainsi, la régularité de l'évolution de l'indice du commerce extérieur dépendra de la normalité de sa période de base. En principe, une année de base ne peut jouer correctement le rôle de référence que si elle est bien choisie : une année atypique donnera par exemple des poids inhabituels aux indices élémentaires. Plus la période de base est particulière, plus les fluctuations affectant la série sont importantes.

2.5 Echantillonnage

Lorsque la collecte des données a été réalisée et que les informations sur les produits relatifs à l'année de base sont disponibles, il reste à mettre en place l'échantillon à partir duquel sera déterminé l'indice des valeurs unitaires. La mise en place de l'échantillon devant servir au calcul de cet indice se fait selon les critères suivants :

- ✓ Le nombre d'absences du produit doit être inférieur ou égale à cinq mois sur les douze mois de l'année de base ;
- ✓ Le rapport de la valeur unitaire maximale à la valeur unitaire minimale doit être inférieur ou égale à 10 ;
- ✓ Le rapport de la valeur unitaire maximale à la valeur unitaire médiane doit être inférieur ou égale à 5 ;
- ✓ Le rapport de la valeur unitaire médiane à la valeur unitaire minimale doit être inférieur ou égale à 5 ;
- ✓ Le coefficient de variation de la valeur unitaire du produit doit être inférieur à 30% ;
- ✓ La part du produit dans la valeur totale annuelle à l'année de base doit être au moins égale à 0,005% ;

A l'issue de cette sélection, on retient au niveau de l'échantillon, les produits caractéristiques dont le cumul en valeur représente 99% de la valeur totale.

---

[9] NGAMPANA Frédéric Roland (2011), *Indice de prix de la production industrielle : Méthodologie et lien avec l'Indice de Production Industrielle (IPI)*, AFRISTAT, p.6.

2.6 Calcul et agrégation

Le calcul de l'indice se fait sur une base mensuelle. Les valeurs unitaires mensuelles corrigées permettent de déterminer de nouvelles quantités corrigées sous l'hypothèse d'une bonne déclaration des valeurs[10]. Ces données sont ensuite agrégées en quantités et valeurs mensuelles et permettent de déduire les valeurs unitaires mensuelles.

Les indices élémentaires sont calculés au niveau SH8, SH4, SH2 et SH1 du système harmonisé et agrégés suivant les 21 sections de la SH.

2.6.1 Calcul de l'indice élémentaire

L'indice élémentaire pour un produit donné se calcule comme le rapport de la valeur unitaire du mois courant et de la valeur unitaire moyenne du produit à l'année de base.

$$I_0^t = \frac{P_t^i}{P_0^i}$$

P_t^i : La valeur unitaire à la période courante.

P_0^i : La valeur unitaire moyenne du produit i à l'année de base.

2.6.2 Pondération

La pondération pour chaque produit est le rapport entre la valeur annuelle en année de base (2010) des exportations ou des importations du produit sur la valeur totale des exportations ou importations des produits concernés. Cette pondération s'obtient comme suit :

$$W_0^i = \frac{P_0^i Q_0^i}{\sum P_0^i Q_0^i}$$

P_0^i : La valeur unitaire moyenne du produit i à l'année de base.

2.6.3 Agrégation

L'indice est agrégé suivant les sections de la SH en utilisant la formule de Laspeyres. Le calcul de l'indice pour la section « s » se fait comme suit :

---

[10] INS (2012), *Document de méthodologie d'élaboration des indices du commerce extérieur*, Cameroun, p.5

$$L_{t/0}(s) = \frac{\sum_i P_t^i Q_0^i}{\sum_i P_0^i Q_0^i} = \sum_i W_0^i \frac{P_t^i}{P_0^i} \qquad i \in s$$

Où W_0^i est le poids du produit i dans la section s à l'année de base.

L'indice global est un indice de Laspeyres calculé comme la moyenne arithmétique pondérée des indices de Laspeyres des sections.

$$IG_{t/0} = \sum_s W_0^s L_{t/0}(s)$$

Où W_0^s est le poids de la section s dans le panier à l'année de base.

2.7 Importance de l'indice des valeurs unitaires

L'indice des valeurs unitaires est un outil indispensable à l'analyse économique des importations et des exportations. Il permet d'obtenir une estimation de l'évolution des prix des biens importés ou exportés. Il permet notamment de[11] :

- ✓ **mesurer l'inflation** : les prix des biens importés peuvent jouer un rôle important sur le niveau des prix à l'intérieur du pays. Une hausse de prix des biens importés pousse généralement avec un certain retard les prix intérieurs à la hausse ;
- ✓ **anticiper l'inflation** : le décalage entre l'évolution des prix à l'importation et l'évolution des prix intérieurs peut permettre de déceler l'évolution probable de ces derniers sur la base des premiers ;
- ✓ **analyser la compétitivité** du pays sur les marchés internationaux : L'étude de la compétitivité demande une analyse non seulement de l'évolution des prix domestiques mais de ceux auxquels les principaux pays concurrents commercialisent. Par exemple, la stabilité des prix à l'exportation pour un pays peut masquer une dévaluation qui maintient les produits exportés compétitifs ;
- ✓ **analyser l'élasticité-prix** des importations ou exportations, c'est-à-dire déterminer la réactivité des achats ou des ventes à l'étranger par rapport à une variation de prix. Plus cette réactivité est importante, plus les achats ou les ventes sont sensibles aux variations de prix ;

---

[11] ADMINISTRATION FEDERALE DES DOUANES (2006), *Indices du commerce extérieur suisse guide d'utilisateur*, Suisse, p.25.

✓ **analyser l'évolution du terme de l'échange**, qui se définit comme le rapport de l'indice de prix des exportations et de l'indice de prix des importations ;

✓ **élaboration des comptes nationaux** : l'estimation du PIB (optique de la demande), les indices des prix à l'importation et à l'exportation sont utilisés comme déflateur de la valeur des importations et des exportations.

III. MÉTHODOLGIE DE L'ETUDE

Un travail de recherche doit nécessairement se baser sur une méthodologie appropriée et compréhensible. Dans le souci d'atteindre les objectifs qui ont été fixés, nous avons structuré notre étude empirique en deux parties. La première partie repose sur une analyse descriptive tandis que la seconde s'appuie sur la construction d'un modèle des prévisions.

3.1 Analyse descriptive

Elle servira d'abord à décrire l'évolution temporelle de l'indice. Ensuite nous rechercherons le modèle de décomposition de notre série en faisant recours au test de Buys-Ballot. Enfin on étudiera d'une part la saisonnalité de la série en faisant recours aux diagrammes des profils dont l'existence ou l'absence sera confirmée par le test de Fisher d'ANOVA à un facteur fixe, et d'autre part la tendance de la série, dont l'existence ou l'absence sera confirmée par le même test.

3.2 Modélisation et prévision de l'indice

Dans notre étude, nous ferons recours à la modélisation Auto régressive des séries non stationnaires. En effet, plusieurs études ont montré que le modèle ARMA, qui se base seulement sur les réalisations passées pour projeter les valeurs futures, est plus adapté à la série d'indice de prix et permet de réaliser des meilleures prévisions par rapport aux modèles structurels qui sont généralement affectés par le non-respect de l'hypothèse d'exogénéité (BOX et JENKINS, 1976). De plus, il s'avère que ce type de modélisation permet de fournir des prévisions de bonne qualité sur des horizons de court et moyen termes.

3.2.1 Cadre général des modèles ARMA

Le modèle ARMA, développé par BOX et JENKINS (1976) permet de modéliser et prévoir un processus à partir de sa propre chronique sans l'intervention d'une théorie économique.

3.2.1.1 Définition d'un processus ARMA

Un processus stationnaire $\{z_t, t \in Z\}$ satisfait une représentation ARMA, d'ordre p et q, notée ARMA (p, q), si et seulement si :

$$\alpha(L)z_t = \beta(L)\mu_t \tag{1}$$

Où

$\alpha(L) = 1 - \alpha_1 L - \ldots - \alpha_p L^p$ est un polynôme de degré p en L, appelé polynôme autorégressif ordinaire ;

$\beta(L) = 1 - \beta_1 L - \ldots - \beta_q L^q$ est un polynôme de degré q en L, appelé polynôme moyenne mobile ordinaire et μ_t est un processus de bruit blanc ;

α_i et β_i sont les coefficients fixes respectivement des modèles AR et MA, et L, l'opérateur retard.

3.2.1.2 Transformation d'un processus non stationnaire

Lorsque le processus qu'on étudie n'est pas stationnaire, il faut d'abord le transformer afin de le rendre stationnaire, c'est-à-dire identifiable à un processus ARMA. Plusieurs cas sont possibles selon la nature de la non-stationnarité :

- ✓ si le processus contient des facteurs exogènes déterministes (tendance, tendance par morceaux, points de ruptures, points aberrants, etc.), ce qui est souvent le cas, on extrait ceux-ci par régression en vue de l'obtention d'une série stationnaire ;
- ✓ si le processus est une marche aléatoire, on le différencie une fois pour le rendre stationnaire (dans ce cas, on dit que le processus est intégré d'ordre1). Par convention, un processus stationnaire (en niveau) est intégré d'ordre 0 et noté I(0).

3.2.1.3 Prévision d'un processus ARMA

Nous considérons un processus ARMA (p, q) où :

$$z_t = \alpha_1 z_{t-1} + \ldots + \alpha_p z_{t-p} + \mu_t + \beta_1 \mu_{t-1} + \ldots + \beta_q \mu_{t-q}, \forall t \in z \tag{2}$$

avec $(\alpha_p, \beta_q) \in R^{2*}$ et $\mu_t \sim iid(0, \sigma^2_t)$.

En appliquant le théorème de WOLD[12] au processus ARMA $\{z_t\ , t \in Z\}$ et en considérant la représentation à l'infini du modèle MA notée MA(∞), nous aboutissons à :

$$z_t = \sum_{j=0}^{\infty} \pi_j \mu_{t-j} \ , \quad \pi_0 = 1 \tag{3}$$

Il s'ensuit que la meilleure prévision que l'on peut faire de z_{t+1}, en tenant compte de toute l'information disponible jusqu'à la date t, notée $\widehat{z_t}(1)$, est définie de la manière ci-dessous :

$$\widehat{z_t}(1) = E\ (z_{t+1} \mid z_t, z_{t-1}, z_{t-2}, ..., z_0) \tag{4}$$

$$= E\ (z_{t+1} \mid \mu_t, \mu_{t-1}, \mu_{t-2}, ..., \mu_0) \tag{5}$$

$$= \sum_{j=1}^{\infty} \pi_j \mu_{t+1-j} \tag{6}$$

Dès lors, l'erreur de prévision est donnée par la réalisation en t+1 de l'innovation non identifiée à la période t.

$$z_{t+1} - \widehat{z_t}(1) = \mu_{t+1} \tag{7}$$

De façon générale, pour une projection à un horizon h, nous établissons :

$$\widehat{z_t}(h) = \sum_{j=h}^{\infty} \pi_j \mu_{t+h-j} \tag{8}$$

$$z_{t+h} - \widehat{z_t}(h) = \sum_{j=h}^{h-1} \pi_j \mu_{t+h-j} \tag{9}$$

Pour la détermination d'un intervalle de confiance de cette prévision, nous utilisons l'hypothèse de normalité des résidus μ_t. Cependant, nous montrons que :

$$\frac{z_{t+h} - \widehat{z_t}(h)}{\text{Var}\ [z_{t+h} - \widehat{z_t}(h)]^{1/2}} \quad \xrightarrow[\substack{M \\ T \to \infty}]{} \quad N\ (0,1) \tag{10}$$

Étant donné que :

$$E\ \{[z_{t+h} - \widehat{z_t}(h)]2\} = E\ [(\sum_{j=0}^{h-1} \pi_j \mu_{t+h-j})^2] = \sum_{j=0}^{h-1} \pi_j^2 \sigma_\mu^2 \tag{11}$$

On aboutit au résultat ci-dessous :

---

[12] WOLD H. (1954), A *study in the analysis of stationary time series*, Uppsala, Sweden: Almqvist and Wiksell.

$$\frac{z_{t+h} - \widehat{z_t}(h)}{\sigma_\mu^2 \left[\sum_{j=0}^{h-1} \pi_j^2\right]^{1/2}} \xrightarrow[T \to \infty]{M} N(0, 1) \tag{12}$$

L'intervalle de confiance pour une prévision à un horizon h est par conséquent donné par la formule ci-dessous :

$$IC = \left[\widehat{z_t}(h) \pm t^{\alpha/2} \left(\sum_{j=0}^{h-1} \pi_j^2\right)^{1/2} \widehat{\sigma_u}\right] \tag{13}$$

Où

$\widehat{z_t}(h)$ est l'estimation du processus z_t à un horizon h ;

$t^{\alpha/2}$ est le quantile d'ordre $\alpha/2$ de la loi de student ;

$\left(\sum_{j=0}^{h-1} \pi_j^2\right)^{1/2} \widehat{\sigma_u}$ est l'estimation de l'écart-type de la prévision à un horizon h ;

3.2.2 Modèle à retenir

3.2.2.1 Identification du processus générateur

Il s'agit ici de déterminer le processus générateur de notre série. En effet, la phase permettant d'identifier un processus ARMA (p, q) consiste à sélectionner les ordres des parties AR (choix de l'entier p) et MA (choix de l'entier q). De façon générale, on choisit plusieurs modèles ARMA candidats pour plusieurs valeurs de p et q. Cependant, selon LARDIC et MIGNON (2002) le modèle qui donne de bonnes prévisions est celui pour lequel les trois critères d'information (Akaike, Schwarz et Hannan-Quinn) sont au même moment optimisés.

Cette phase d'identification commence par l'étude de la stationnarité de la série d'intérêt. En effet, seule une série stationnaire est identifiable à un processus ARMA. Nous userons pour notre étude les tests de racine unitaire de DICKEY-FULLER.

a. Test de la racine unitaire de DICKEY-FULLER

Le test de Dickey-Fuller permet de tester la non-stationnarité de la série successivement sur les modèles autorégressifs suivants :

Modèle 1 : $\Delta X_t = \psi X_{t-1} + \mu_t$

Modèle 2 : $\Delta X_t = \psi X_{t-1} + c + \mu_t$

Modèle 3 : $\Delta X_t = \psi X_{t-1} + c + bt + \mu_t$

Le but du test est alors de régresser la valeur de la série à l'instant t sur sa valeur décalée à l'instant t-1 afin de voir si le coefficient de cette dernière est statistiquement égal à 1. Si tel est le cas, cela veut dire qu'on a à faire à une série non stationnaire. On teste alors les hypothèses suivantes :

H_0 : {X_t, t= 1,....., T} est non stationnaire c'est-à-dire $\psi = 0 \Leftrightarrow \varphi = 1$

H_1 : {X_t, t= 1,....., T} est stationnaire c'est-à-dire $|\psi + 1| < 1 \Leftrightarrow |\varphi| < 1$

3.2.2.2 Estimation des paramètres

Après l'identification du processus, on procède à l'estimation des paramètres des modèles ARMA candidats qui peut se faire selon plusieurs méthodes : la méthode du maximum de vraisemblance, la méthode basée sur le filtre de KALMAN, la méthode des moindres carrés, etc. Dans le cas de cette étude, la méthode utilisée est celle des moindres carrés.

3.2.2.3 Validation des tests

Pour valider le processus estimé pour chaque série, nous avons analysé les résidus estimés permettant de tester les hypothèses émises sur le processus d'innovation. On dira que le modèle est bien spécifié, si les résidus estimés sont issus d'un processus de bruit blanc, c'est-à-dire que l'on admet comme vraies:

✓ l'hypothèse de nullité des résidus ;

✓ l'hypothèse d'autocorrélation des résidus ;

✓ l'hypothèse de normalité des résidus ;

✓ l'hypothèse d'homoscédasticité des résidus ;

✓ l'hypothèse de bonne spécification du modèle.

3.2.2.4 Prévision

Dès que le modèle a été validé, on peut s'en servir pour prévoir les valeurs de notre série sur une période de court-terme, soit six mois, c'est-à-dire de janvier 2013 à juin 2013. Dans le cas où la série a été transformée (élimination de la saisonnalité, élimination du trend déterministe ou transformation en différences premières) pour obtenir une série stationnaire, il faut prendre la peine d'annuler toutes ces différentes transformations afin d'obtenir les valeurs prévues de la série originale.

CHAPITRE 2 : DESCRIPTION DE L'INDICE DES VALEURS UNITAIRES A L'EXPORTATION

Dans ce chapitre nous allons dans un premier temps décrire les variations de l'indice des prix unitaires. S'ensuivra une seconde partie dans laquelle on fera ressortir les différents facteurs qui peuvent avoir une influence sur les variations observées de notre chronique.

I.   ANALYSE EXPLORATOIRE

1.1 Le poids des composantes de l'indice

L'examen du graphique 1 ci-dessous montre que le groupe «produits alimentaires, boissons, tabac» est le plus prépondérant dans l'ensemble. Ce groupe représente 46% des exportations. Ceci peut s'expliquer par le rôle moteur que joue le cacao dans la prospérité économique et sociale de la Côte d' Ivoire. Les «Produits minéraux» quant à eux représentent 28% des exportations. En effet, cette proportion d'exportations en produits minéraux est due en partie à une progression de la demande de ressources minérales sur les marchés asiatiques en forte croissance, conjuguée d'une forte demande persistante des pays développés.

Les «produits alimentaires, boissons, tabac» et les «produits minéraux» sont suivis par des groupes de produits de tailles relativement moindres, mais de plus en plus dynamiques dans le portefeuille des produits exportés par la Côte d'Ivoire. Parmi ces produits de moindres tailles figurent les plastiques et articles en plastiques, les produits végétaux, les huiles, les graisses animales et végétales, les perles, les pierres et les métaux précieux, les produits de l'industrie chimique, les chaussures, les ombrelles, les fleurs artificielles, les produits en papier, charbon et liège.

Graphique 1:Les pondérations des 9 groupes de produits (en %)

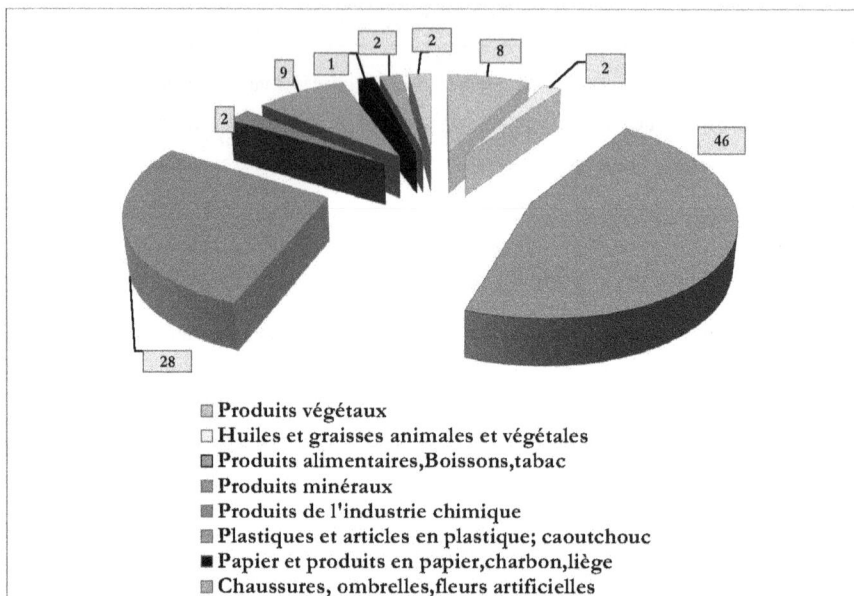

□ Produits végétaux
□ Huiles et graisses animales et végétales
□ Produits alimentaires,Boissons,tabac
□ Produits minéraux
□ Produits de l'industrie chimique
□ Plastiques et articles en plastique; caoutchouc
■ Papier et produits en papier,charbon,liège
□ Chaussures, ombrelles,fleurs artificielles

Source: INS, nos calculs

1.2 Evolution de l'indice des «produits alimentaires, boisson, tabac » en glissements mensuel et annuel

La série de l'indice des «produits alimentaires, boisson, tabac » en glissement mensuel (IPBTGM) épouse les formes de la courbe de la série de l'indice de prix global (confère graphique 11 en annexe). Cela est dû au fait que la contribution des « produits alimentaires, boisson, tabac » est importante dans la constitution de ce dernier.

Au cours de son mouvement sur la période 2000-2012, l'IPBTGM a atteint sa plus grande valeur en février 2002. Durant ce mois, l'on enregistre un bond de prix de 15,48%, ce qui équivaut à une hausse de 7,38% sur le taux de janvier de la même année. Cette hausse remarquable découle de la baisse quantitative de l'exportation du cacao, due à la réduction de la production cacaoyère inférée par la persistance de la crise politique de 1999-2000. Au cours de cette même année, l'indice enregistre une nouvelle hausse en octobre, mais moins considérable que celle de février. Cette hausse était de 10,37% soit un accroissement de 4,72% par rapport au mois de septembre. Par ailleurs, l'indice a enregistré sa plus faible valeur en juin 2003, où il était négatif (-19,75%).

Graphique 2: Evolution en glissement mensuel de l'IPBT(en %)

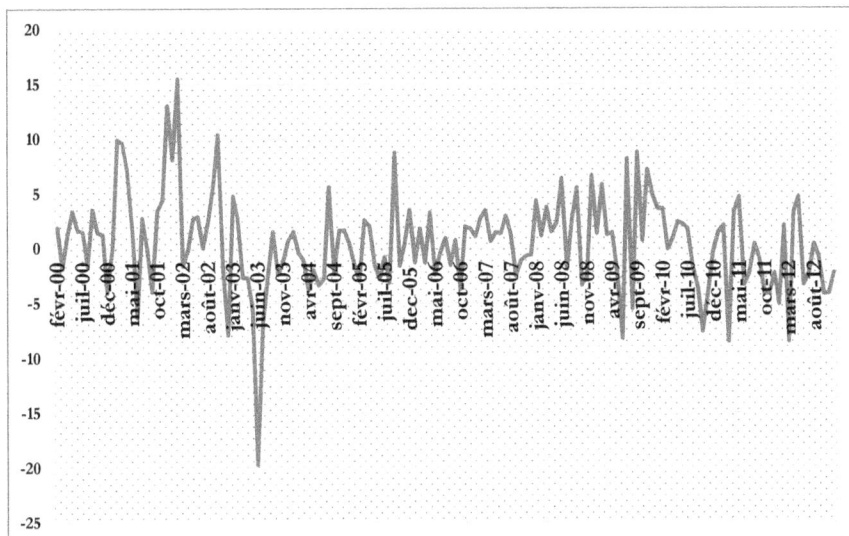

Source: *INS, nos calculs*

En glissement annuel, la courbe de l'IPBT épouse légèrement les formes de celle de l'indice global. L'IPBTGA a enregistré des fortes croissances en février 2002 (68,23% par rapport à février 2001) et en octobre de la même année (82,81% par rapport au mois d'octobre de l'année précédente). Il atteint son plus bas niveau au cours de l'année 2003, précisément en octobre, où il accuse une valeur de -37,40%. (Confère graphique 9 en annexe).

1.3 Evolution de l'indice global en glissements mensuel et annuel

En examinant le graphique 3 ci-dessous, il ressort que l'indice global en glissement mensuel le plus élevé de la période 2000-2012 est celui de février 2002 (10,63%). Cette hausse était essentiellement due aux indices des prix de «produits alimentaires, boissons, tabac » et de « Produits végétaux ». En effet, au cours de ce mois la contribution des « produits alimentaires, boissons, tabac » était de 8,2%, et celle des « Produits végétaux » était de 4,1%. Par ailleurs, le niveau général des prix unitaires a baissé au cours du mois de juin de l'année 2008, mais l'indice reste le plus élevé (7,83%), les « produits alimentaires, boissons, tabac » ont contribué à 3,7%. En 2009, l'indice global au mois de novembre recule de nouveau par rapport aux deux premières variations, et accuse une hausse de 7,37% (avec 3,4% de contribution des produits alimentaires, boissons, tabac »).

Les indices globaux en glissement mensuel les plus bas sont enregistrés aux mois de décembre 2002 (-7%), juin 2003 (-10%) et décembre 2008 (-8,5%). En décembre 2002, la baisse de l'indice est due essentiellement à celle des « produits alimentaires, boissons, tabac » (-4,4% de contribution) puis de celle des « produits végétaux » (-1,9%). L'indice le plus bas est celui de juin 2003, cette baisse est due aux contributions négatives des indices des prix unitaires des « produits alimentaires, boissons, tabac » (-10%), et dans une moindre mesure, de « plastiques et articles en plastique; caoutchouc» (-0,4%). Toutefois, en l'absence des « produits alimentaires, boissons, tabac », cet indice a plutôt progressé de 3,2%. En décembre 2008, la tendance baissière est essentiellement imputable à la contribution négative de l'indice des prix unitaires des « produits minéraux » (-6,7%).

Graphique 3 : Evolution en glissement mensuel de l'Indice Global (en %)

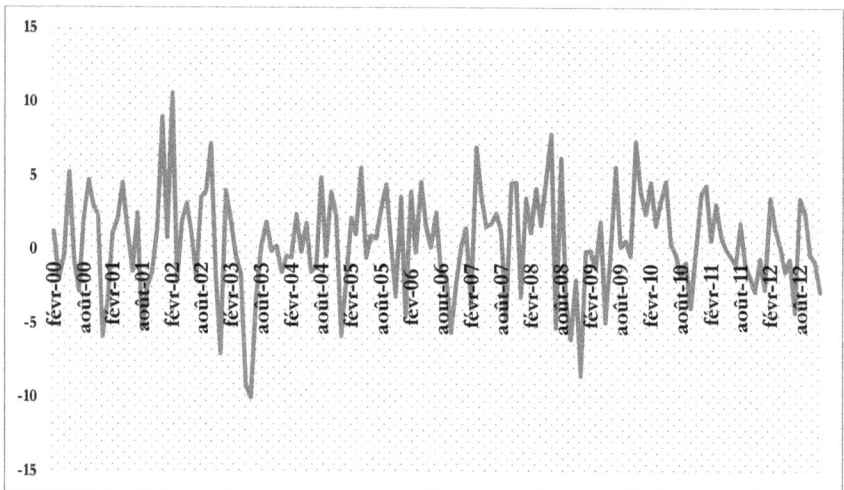

Source: INS, nos calculs

Il ressort du graphique 10 en annexe que la hausse de l'indice global en glissement annuel la plus remarquable a eu lieu en octobre 2002 où il était de 44,89% par rapport au mois d'octobre de 2001. Calculé hors « produits alimentaires, boissons, tabac », l'indice accuse en ce mois une hausse de 13,4% par rapport au même mois de l'année précédente. Par ailleurs, l'IGGA a connu une baisse de 23,35% en octobre 2003, 22,74% en février 2004, et 21,95% en juin 2009. En juin 2010, l'IGGA a de nouveau atteint une hausse mais moindre que celui d'octobre 2002 (40,13%).

Le graphique 12 en annexe représente l'évolution globale de l'indice des valeurs unitaires à l'exportation. En l'examinant, nous constatons que l'indice a subi une évolution croissante de janvier 2000 à décembre 2012, passant de 49,16 à 103,52. Ce graphique semble être gouverné par une tendance linéaire durant toute la période, et ne présente pas un patron qui se reproduit de manière régulière. De façon générale, l'indice des valeurs unitaires le plus élevé (112) a été observé en août 2011, le plus bas (48,6), en avril 2000. Toutefois, une analyse plus approfondie serait d'une grande importance afin de pouvoir se convaincre aussi bien de la non saisonnalité et de la tendance linéaire.

II.   DÉCOMPOSITION DE LA CHRONIQUE

Généralement, l'étude d'une série temporelle met en exergue plusieurs éléments qui caractérisent le phénomène étudié. Le traitement d'une série consiste à quantifier le plus exactement possible chacun de ces éléments, afin d'en tirer une éventuelle rationalité. Ce qui conduit à une décomposition statistique de la série. Tel est l'objet de la présente section.

2.1 Choix du type de modèle de décomposition de la chronique

Avant de procéder à la décomposition de la série, il importe de savoir si nous devons adopter un schéma de décomposition additif ou multiplicatif. Pour mener à bien cette opération, nous allons effectuer le test de Buys-Ballot. Il consiste à faire une régression linéaire simple des écart-types annuels en fonction des moyennes annuelles. Cette régression se fait suivant la formule :

$$\sigma_t = a_1 \bar{x}_t + a_2 + \varepsilon_t$$

Le schéma de décomposition est :

✓ additif si l'écart type et la moyenne sont indépendants (a_1 n'est pas significativement différent de zéro) ;

✓ multiplicatif si l'écart type et la moyenne sont dépendants (a_1 est significativement différent de zéro).

Au regard du tableau 8 en annexe, il ressort que le coefficient associé aux moyennes a_1 n'est pas significativement différent de zéro au seuil de 5% (p-valeur= 0.467). La procédure de Buys-Ballot nous permet donc d'opter pour un modèle de décomposition additif. Ce modèle peut être spécifié de la manière suivante :

$$Xt = Tt + St + \varepsilon t$$

Où :

- ✓ Tt est la composante de tendance déterministe ;
- ✓ St la composante saisonnière ;
- ✓ εt les fluctuations aléatoires ;

Il importe maintenant de voir si chacune de ces composantes est présente dans notre série d'évolution de l'IVU à l'exportation (que nous avons notée Xt). Nous allons pour cela faire appel aux méthodes graphiques et inférentielles.

2.2 Mise en évidence de la composante saisonnière

2.2.1 Approche graphique

Pour voir si le processus générateur de notre chronique est gouverné par une composante saisonnière, nous allons examiner le diagramme des profils saisonniers. La présence d'une saisonnalité sera détectée par une superposition des différentes courbes.

Graphique 4: Diagramme des profils saisonniers

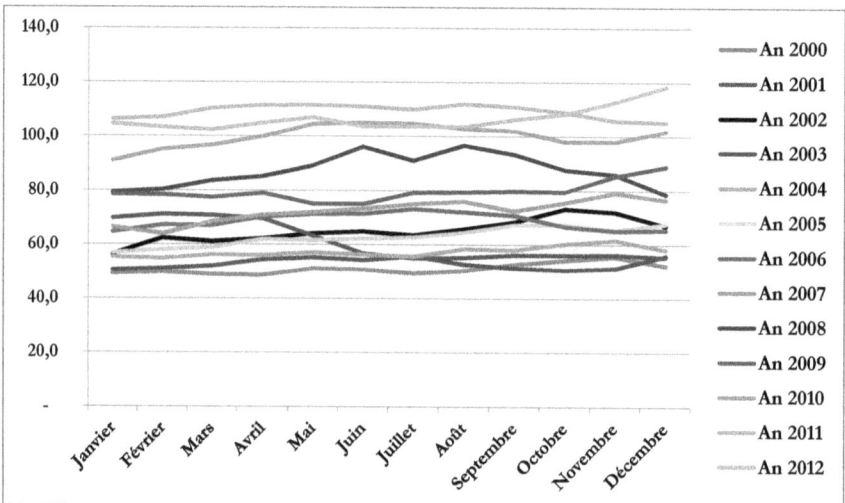

Source: INS, nos calculs

L'examen du graphique nous permet de présager l'absence d'un comportement saisonnier. En effet, les profils saisonniers ne forment pas des segments de droites en zigzag. De plus le graphique ne met pas en évidence des pics et creux saisonniers. Nous ne saurions trancher radicalement sur l'absence de saisonnalité sur cette simple base graphique. Il importe donc d'approfondir l'analyse. Pour cela, nous allons procéder comme suit :

- ✓ Déterminer les coefficients saisonniers par la méthode de régression linéaire;
- ✓ Déterminer les coefficients saisonniers en appliquant un filtre moyen mobile ;
- ✓ Effectuer un test de Fisher à partir d'un modèle d'ANOVA à un facteur fixe.

2.2.2 Détermination des coefficients saisonniers par régression linéaire

Nous souhaitons à présent calculer les coefficients saisonniers et voir s'ils sont significativement différents de 0 ou pas. Le modèle de régression pour la détermination de ces coefficients s'écrit comme suit :

$$X_t = a + bt + \sum_{j=1}^{11} a_j d_{jt} + \varepsilon_t$$

Où le a_j, $j=1,\ldots,12$ représentent les coefficients saisonniers et :

$$d_{jt} = \begin{cases} 1 & si\ la\ date\ t\ correspond\ au\ mois\ j\ (\ j \neq 12) \\ -1 & si\ la\ date\ t\ correspond\ au\ mois\ 12 \\ 0 & ailleurs \end{cases}$$

Suite à l'analyse du tableau 10 en annexe, il en découle que notre modèle est globalement significatif au seuil de 5%. Nous tirons cette conclusion de la statistique de test de Fisher qui fournit une p-valeur=0,000. D'autre part, le coefficient de détermination R^2 du modèle est 85,1%. Ce qui signifie que le modèle explique 85,1% des fluctuations.

Les coefficients obtenus de cette régression sont consignés dans le tableau 9 en annexe ; on note la non significativité de tous les coefficients saisonniers au seuil de 5%, en d'autres termes aucun de ces coefficients estimés n'est différent de 0. On peut donc conclure à une absence d'un effet saisonnier sur la série. Il est à noter que les tests sur les résidus n'ont pas de sens dans ce cas de régression[13].

---

[13] BOURBONNAIS Régis et TERRAZA Michel, dans *Analyse des séries temporelles en économie*, Dunod, Paris, p. 32

2.2.3 Détermination des coefficients saisonniers par application d'un filtre moyenne mobile

Pour vérifier la présence ou non de la saisonnalité, nous allons représenter un graphique où les séries CVS et brute seront superposées. Si la courbe de la série désaisonnalisée s'ajuste bien à celle de la série de départ, alors on pourra conclure à une absence de saisonnalité.

En appliquant à notre chronique une moyenne mobile d'ordre 12 dit « filtre » on obtient les coefficients saisonniers consignés dans le tableau 11 en annexe. Par la suite, on superpose la série corrigée des variations saisonnières à la série brute et on obtient le graphique suivant :

Graphique 5: Superposition des séries brute et CVS

Source: INS, nos calculs

Au regard de ce graphique, l'application de filtre moyenne mobile nous donne une série CVS qui épouse bien les formes de la courbe initiale. Ceci conforte davantage l'idée selon laquelle la série ne comporte pas de saisonnalité. Pour trancher de façon définitive, l'on peut faire usage de l'inférence en effectuant une analyse de la variance.

2.2.4 Méthode d'analyse de la variance

Nous allons effectuer un test de Fisher de comparaison de moyenne à partir d'un modèle d'ANOVA à un facteur fixe. Le but de cette analyse est d'étudier l'effet de la saison (mois) sur l'indice de valeurs unitaires à l'exportation ; Si cet effet s'avère significatif, nous pourrons alors affirmer que notre chronique est gouvernée par une saisonnalité. Le modèle de cette analyse de la variance est le suivant :

$$Y_{ij} = \mu + \tau_j + \varepsilon_{ij}$$

Y_{ij} est la variable réponse, représentant l'indice de valeurs unitaires ; μ est l'effet moyen du facteur sur la variable réponse; τ_j est l'effet différentiel du mois j sur l'IVU; et ε_{ij} les termes d'erreurs, indépendants et identiquement distribués selon la loi normale $N(0, \sigma^2)$. Ce modèle repose sur des hypothèses telles que la normalité et l'égalité des variances des distributions de la variable réponse, pour chaque niveau du facteur.

Au regard des valeurs des coefficients d'asymétrie (toutes inferieures à 1) et d'aplatissement (du tableau 1, annexe A), et suite à l'examen du graphique 1 (annexe A), nous pouvons présager que la distribution de l'IVU est gaussienne pour chaque mois. De plus, les écart-types n'étant pas sensiblement différents, ils laissent ainsi entrevoir le caractère homoscédatique de notre distribution. Comme nous pouvons constater sur le graphique 2 (annexe A), d'un mois à l'autre, la dispersion de l'IVU semble être la même. Par ailleurs, le tableau 1 en annexe A permet de constater que la différence entre les moyennes n'est pas nette. Donc, le mois pourrait être sans effet sur l'IVU.

En effet, le tableau d'analyse de variance (tableau 2,annexe A) indique au seuil de 5% que le mois n'a pas un effet significatif sur notre variable d'intérêt ;puisque la p-valeur (1,00) du test de Fisher correspondant est supérieure au seuil (0,05). La validité de ce modèle se vérifie au regard du graphique 3 (voir annexe A) qui traduit la normalité de la distribution ;et à l'examen des résultats du test de Levene dont la p-valeur (1,00) ne permet pas d'être en défaveur de l'hypothèse d'égalité des variances et donc, d'homoscedasticité.

Notre chronique est ainsi exempte des variations saisonnières ; ce qui vient confirmer les résultats de deux premières analyses.

2.3 Mise en évidence de la composante tendancielle

De l'analyse de la série brute (cf. graphique 12), il apparait une évolution de long terme bien marquée et croissante ; ceci entrevoit la présence d'une tendance linéaire croissante. Afin de lever l'équivoque, nous allons effectuer un test de Fisher de comparaison de moyenne à partir d'un modèle ANOVA à un facteur fixe.

2.3.1 Méthode d'analyse de la variance

Comme dans le cas de la saisonnalité, nous allons détecter la présence ou non de la tendance, grâce à une analyse de la variance à un facteur. Le facteur ici est l'année, qui possède 12 modalités (2000-2012). Donc, si l'année a un effet significatif sur l'indice global, alors il y a présence d'une tendance.

Nous remarquons dans le tableau 1 (Annexe B) que les coefficients de symétrie (hormis celui de 2009 et 2012) sont tous inférieurs en valeur absolue à 1. Nous pouvons alors présager, au regard du graphique 1 (Annexe B), que pour chaque année, la distribution mensuelle de l'IVU est gaussienne. D'autre part, les écart-types sont assez proches, et le graphique des boîtes à moustaches (graphique 2, annexe B) présente une dispersion qui semble être la même d'une année à l'autre. Nous remarquons par ailleurs une légère différence entre les moyennes annuelles de l'IVU. Ceci nous laisse penser que l'année aurait un effet sur notre chronique.

Le tableau d'analyse de la variance (tableau 2, annexe B) nous indique qu'au niveau de la signification $\alpha=1\%$, la saison (année) a un effet significatif sur l'IVU, puisque le test de Fisher correspondant a une p-valeur (0,000) inférieure à 0,01. Bien plus, les hypothèses du modèle sont vérifiées. En effet, le graphique 3 (annexe B) révèle la validité de l'hypothèse de normalité, tandis que la p-valeur (0,000<0,01) du test d'homogénéité des variances ne nous permet pas de rejeter l'hypothèse d'homoscédasticité. Ainsi, l'évidence qu'apporte notre série au seuil $\alpha=1\%$, nous donne de bonnes raisons d'affirmer que la tendance à la hausse observée sur le graphique est bien réelle.

2.3.2 Estimation de la tendance

Il ressort de l'analyse ci-dessus que notre série est gouvernée par une tendance déterministe croissante. En effet, nous avons remarqué que l'indice de valeurs unitaires varie de façon linéaire avec le temps. Ainsi, le nuage de points défini par les valeurs de cet indice en fonction du temps (t) peut être ajusté par une droite de la forme : $T_t = a + b*t$.

L'estimation de cette droite par la méthode des moindres carrés ordinaires donne l'équation suivante :

$$T_t = 43,908 + 0,3997*t$$

Les résultats de l'estimation par le MCO (tableau 12 en annexe) indiquent que les coefficients **a** et **b** sont significativement non nuls (les probabilités critiques associées sont toutes inferieures à 5%), et que le modèle a un bon pouvoir explicatif, avec un R^2 de l'ordre de 84,93%.

Au terme de ce deuxième chapitre qui portait sur une analyse descriptive de la série, nous pouvons nous donner le droit d'affirmer que les soupçons et les premières tentatives de réponses apportées constituent un premier pas à l'atteinte de l'objectif visé. Toutefois, afin d'être en mesure de répondre aux précédentes interrogations qui sont fondamentales, nous allons procéder à une analyse qui pourra nous permettre de comprendre comment ces données pourront se comporter dans le futur.

CHAPITRE 3 : MODÉLISATION DE L'IVU VIA UN MODÈLE AUTOPROJECTIF

Dans cette partie, nous nous proposons d'ajuster notre chronique à un modèle auto projectif. Pour cela, notre démarche prendra appui sur le procédé de BOX et JENKINS.

I. ANALYSE DE LA STATIONNARITÉ

Par analogie avec la statistique expérimentale, qui a besoin de l'indépendance entre les individus, pour estimer les paramètres de la population, l'analyse des séries temporelles requiert que la chronique soit stationnaire, c'est-à-dire que ces caractéristiques soient stables dans le temps pour estimer les paramètres du processus générateur. La stationnarité est donc une condition préalable à la méthode de BOX et JENKINS.

1.1 Analyse du corrélogramme

Concernant notre série d'évolution mensuelle de l'indice, nous avons noté la présence d'une tendance globale à la hausse dans le chapitre précédent, ce qui nous suggère que la série n'est pas stationnaire. Ce soupçon se confirme au regard du corrélogramme ci-dessous. En effet, le corrélogramme de la série brute montre que les autocorrélations sont toutes significatives et décroissent lentement. Ces observations laissent présager que la série est non stationnaire ;

Graphique 6: Corrélogramme simple et partiel de l'IVU

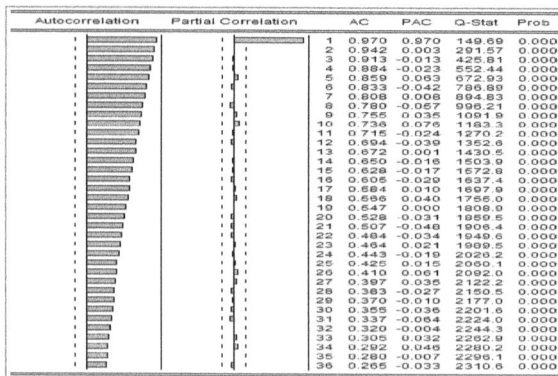

Autocorrelation	Partial Correlation		AC	PAC	Q-Stat	Prob
		1	0.970	0.970	149.69	0.000
		2	0.942	0.003	291.57	0.000
		3	0.913	-0.013	425.81	0.000
		4	0.884	-0.023	552.44	0.000
		5	0.859	0.063	672.93	0.000
		6	0.833	-0.042	786.99	0.000
		7	0.808	0.008	894.83	0.000
		8	0.780	-0.057	996.21	0.000
		9	0.755	0.035	1091.9	0.000
		10	0.736	0.076	1183.3	0.000
		11	0.715	-0.024	1270.2	0.000
		12	0.694	-0.039	1352.8	0.000
		13	0.672	0.001	1430.5	0.000
		14	0.650	-0.016	1503.9	0.000
		15	0.628	-0.017	1572.8	0.000
		16	0.605	-0.029	1637.4	0.000
		17	0.584	0.010	1697.9	0.000
		18	0.566	0.040	1755.0	0.000
		19	0.547	0.000	1808.9	0.000
		20	0.528	-0.031	1859.5	0.000
		21	0.507	-0.048	1906.4	0.000
		22	0.484	-0.034	1949.6	0.000
		23	0.464	0.021	1989.5	0.000
		24	0.443	-0.019	2026.2	0.000
		25	0.425	-0.015	2060.1	0.000
		26	0.410	0.061	2092.0	0.000
		27	0.397	0.035	2122.2	0.000
		28	0.383	-0.027	2150.5	0.000
		29	0.370	-0.010	2177.0	0.000
		30	0.355	-0.036	2201.6	0.000
		31	0.337	-0.064	2224.0	0.000
		32	0.320	-0.004	2244.3	0.000
		33	0.305	0.032	2262.9	0.000
		34	0.292	0.046	2280.2	0.000
		35	0.280	-0.007	2296.1	0.000
		36	0.265	-0.033	2310.6	0.000

Source: INS, nos calculs

L'examen graphique laisse présager que la série étudiée est a priori non stationnaire car le processus générateur correspondant ne semble pas satisfaire en effet la condition d'invariance de l'espérance. Puisque cela est aussi valable pour la variance, nous allons vérifier cette non-stationnarité en utilisant la stratégie de test de Dickey-Fuller.

1.2 Stratégie de test de Dickey Fuller

Pour pouvoir déterminer si notre série d'intérêt (au cas où elle n'est pas stationnaire à niveau) est stationnaire en différence (DS) ou alors trend stationnaire (TS) selon la terminologie de Nelson et Polsner (1982), il importe d'appliquer la stratégie de tests de Dickey Fuller exposée précédemment.

On commence par estimer le modèle 3, incluant une constante et un trend :

$$\Delta X_t = \psi X_{t-1} + c + bt + \mu_t$$

Le test effectué sur ce modèle nous donne les résultats contenus dans le tableau ci-dessous :

Tableau 1: Estimation du modèle 3

		t-Statistic	Prob.*
Augmented Dickey-Fuller test statistic		-2.149126	0.5141
Test critical values:	1% level	-4.018349	
	5% level	-3.439075	
	10% level	-3.143887	

Source: INS, nos calculs

Au regard de l'évidence apportée par l'échantillon, on ne rejette pas l'hypothèse nulle H$_0$, soit la série admet une racine unitaire (La statistique de test de Dickey Fuller égal à -2,149, supérieure au seuil de Dickey Fuller à 5%, égal à -3,439). Le processus est donc à priori DS. Nous allons voir si ce processus est TS. On teste pour cela la nullité du coefficient de la tendance conditionnellement à la présence d'une racine unitaire.

On teste donc : $\qquad\qquad$ H$_0{}^3$: (c, b, ψ)=(c, 0, 0)

On utilise la statistique de Fisher F3 :

$$F^3 = \frac{(SCR_{3,c} - SCR_3)/2}{SCR_3/(T-3)}$$

Avec :

SCR_3= somme des carrées des résidus du modèle 3 non contraint estimé par les MCO

$SCR_{3,c}$ = somme des carrées des résidus du modèle 3 contraint sous hypothèse H_0^3

La valeur de la statistique de Fisher F3 est de 5,328. Pour une taille d'échantillon de 156, et un risque de première espèce de 5%, la valeur critique est égale à 4,83. Donc la réalisation de F3 est supérieure au seuil critique, on rejette l'hypothèse nulle de la nullité du coefficient de la tendance conditionnellement à la présence d'une racine unitaire. Notre série est donc TS, plus précisément de la forme :

$$X_t \sim I(1) + c + bt$$

Comme le trend est significatif, la méthode proposée par BOURBONNAIS Régis[14] sera employée. Il s'agit essentiellement de faire la régression des MCO de la série, en vue d'estimer la composante tendancielle et l'ôter de la série.

Le trend T étant estimée dans le chapitre précédent, il convient alors de l'ôter de la série Xt et de réaliser à nouveau le test de stationnarité. Notons Z_t, la série X_t retranchée de l'estimation du trend T.

On commence par estimer le modèle 3, modèle comportant un trend et une constante. Les résultats sont contenus dans le tableau suivant :

Tableau 2: Estimation du modèle 3

		t-Statistic	Prob.*
Augmented Dickey-Fuller test statistic		-2.262934	0.4512
Test critical values:	1% level	-4.018748	
	5% level	-3.439267	
	10% level	-3.143999	

Source: INS, nos calculs

La statistique du test est de -2,263, supérieure au seuil critique de DF à 5%,-3,44 : on ne rejette pas l'hypothèse nulle. Il existe donc une racine unitaire, le processus n'est pas stationnaire (DS). Nous allons voir si ce processus est TS. On teste pour cela la nullité du coefficient de la tendance conditionnellement à la présence d'une racine unitaire.

---

[14] BOURBONNAIS Régis, dans *Économétrie, Manuel et Exercices corrigés*, 4e Edition, Pages 231-232

La racine unitaire n'ayant pas été rejetée, on utilise la même statistique de Fisher F3, précédemment exposée pour tester l'hypothèse nulle :

$$H_0^{3'} : (c, b, \psi) = (c, 0, 0)$$

La valeur de la statistique F3=2,152 est inférieure à 4,83, valeur lue sur la table de Dickey Fuller au seuil de 5% et 156 observations. On accepte donc $H_0^{3'}$ c'est-à-dire l'hypothèse de nullité de la tendance à la présence d'une racine unitaire. Ceci signifie que le test de non stationnarité pratiqué avec une tendance (modèle 3) doit être remis en cause. Il convient de recommencer ce test à partir du modèle incluant uniquement une constante (modèle 2).

Les résultats de l'estimation du modèle 2 sont donnés par le tableau suivant :

Tableau 3: Estimation du modèle 2

		t-Statistic	Prob.*
Augmented Dickey-Fuller test statistic		-2.155414	0.2236
Test critical values:	1% level	-3.472813	
	5% level	-2.880088	
	10% level	-2.576739	

Source: INS, nos calculs

Le processus est DS car nous ne rejetons pas l'hypothèse nulle de racine unitaire (la statistique de test, -2,155 est supérieure au seuil de DF à 5%, -2,88). Nous allons voir si le processus est TS. On teste pour cela la nullité du coefficient de la constante conditionnellement à la présence d'une racine unitaire. Nous effectuons le test :

$$H_0^{2'} : (c, \psi) = (0, 0)$$

On utilise la statistique de Fisher F2 :

$$F^2 = \frac{(SCR_{2,c} - SCR_2)/2}{SCR_2 / (T-2)}$$

Avec :

SCR_2 = somme des carrées des résidus du modèle 2 non contraint estimé par les MCO

$SCR_{2,c}$ = somme des carrées des résidus du modèle 2 contraint sous hypothèse $H_0^{2'}$

La réalisation de la statistique de Fisher F2 égale à 1,94 est inférieure à 6,43, valeur lue sur la table de Dickey Fuller pour une taille d'échantillon de 156 et un risque de première espèce de

5%. Nous ne rejetons donc pas l'hypothèse $H_0^{2'}$, la constante du modèle 2 n'étant pas significativement différente de 0. La non significativité de la constante nous oblige à remettre en cause le modèle 2, et de tester ensuite le modèle 1 le plus restreint, celui sans tendance, ni constante (modèle 1).

Les résultats de l'estimation de ce modèle sont donnés par le tableau suivant :

Tableau 4: Estimation du modèle 1

		t-Statistic	Prob.*
Augmented Dickey-Fuller test statistic		-2.162526	0.0298
Test critical values:	1% level	-2.579967	
	5% level	-1.942896	
	10% level	-1.615342	

Source: INS, nos calculs

De l'analyse de ce tableau, il ressort que la valeur de la statistique de test (-2,162) est inférieure au seuil qui se situe à 1,94 pour un niveau de signification α=5%, nous donnant ainsi assez d'évidence pour être en défaveur de l'hypothèse de présence d'une racine unitaire. la série chronologique Z_t est stationnaire.

II.   IDENTIFICATION DU PROCESSUS GÉNÉRATEUR

Il s'agit de détecter le processus générateur de la chronique. Pour y parvenir, l'utilisation du corrélogramme s'avère incontournable. Notons que le processus générateur est de type ARMA (p,q).

L'observation du corrélogramme (graphique 7), fait présumer les processus ARMA candidats suivants : AR(1), MA(12), ARMA(1,1), ARMA(1,2), ARMA(1,3), ARMA(1,4), ARMA(1,5), ARMA(1,6), ARMA(1,7), ARMA(1,8), ARMA(1,9), ARMA(1,10), ARMA(1,11) et ARMA(1,12). En effet, les autocorrélations partielles sont nulles après le 1er retard, et du coté des autocorrélations simples, elles accusent une décroissance qui s'annule après le 12ième retard. Ce qui permet de supposer ces processus générateurs suscités.

Graphique 7: Corrélogramme simple et partiel de la chronique Zt

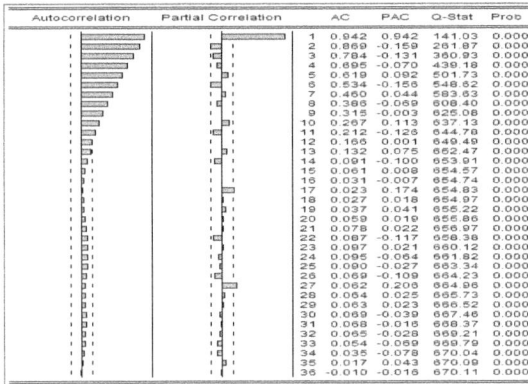

Autocorrelation	Partial Correlation		AC	PAC	Q-Stat	Prob
		1	0.942	0.942	141.03	0.000
		2	0.869	-0.159	261.87	0.000
		3	0.784	-0.131	360.93	0.000
		4	0.695	-0.070	439.18	0.000
		5	0.619	0.092	501.73	0.000
		6	0.534	-0.156	548.62	0.000
		7	0.460	0.044	583.63	0.000
		8	0.386	-0.069	608.40	0.000
		9	0.315	-0.003	625.08	0.000
		10	0.267	0.113	637.13	0.000
		11	0.212	-0.126	644.78	0.000
		12	0.166	0.001	649.49	0.000
		13	0.132	0.075	652.47	0.000
		14	0.091	-0.100	653.91	0.000
		15	0.061	-0.008	654.57	0.000
		16	0.031	-0.007	654.74	0.000
		17	0.023	0.174	654.83	0.000
		18	0.027	0.018	654.97	0.000
		19	0.037	0.041	655.22	0.000
		20	0.059	0.019	655.86	0.000
		21	0.078	0.022	656.97	0.000
		22	0.087	-0.117	658.38	0.000
		23	0.097	0.021	660.12	0.000
		24	0.095	-0.064	661.82	0.000
		25	0.090	-0.027	663.34	0.000
		26	0.069	-0.109	664.23	0.000
		27	0.062	0.206	664.96	0.000
		28	0.064	0.025	665.73	0.000
		29	0.063	0.023	666.52	0.000
		30	0.069	-0.039	667.46	0.000
		31	0.068	-0.016	668.37	0.000
		32	0.065	-0.028	669.21	0.000
		33	0.054	-0.069	669.79	0.000
		34	0.035	-0.078	670.04	0.000
		35	0.017	0.043	670.09	0.000
		36	-0.010	-0.016	670.11	0.000

Source: INS, nos calculs

III. ESTIMATION DES PARAMÉTRES ET CHOIX DU MODÈLE FINAL

Dans la famille des modèles ARMA candidats ci-dessus spécifiés, le modèle qui fournit de bonnes prévisions est celui pour lequel les critères d'Akaike et de Schwarz sont simultanément optimisés. Les résultats du choix des ordres p et q obtenus sont présentés dans le tableau 20 en annexe. L'examen de ce tableau, nous permet de retenir un modèle auto projectif où les erreurs obéissent à un processus ARMA(1,2).

L'estimation des paramètres de ce modèle décrit dans le tableau 13 en annexe donne des résultats satisfaisants. En effet, les coefficients du modèle sont significativement non nuls (p-valeur<0,05). Le coefficient de détermination (R^2) quant à lui est de 89,32%. Ce qui signifie que le modèle a un bon pouvoir explicatif.

Afin que le modèle retenu soit validé, il convient de vérifier que toutes les hypothèses qui sous-tendent sa construction sont vérifiées.

IV. VALIDATION DU PROCESSUS RETENU

1.1 Analyse du corrélogramme

Sur le graphique 11 en annexe, on observe que tous les termes des fonctions d'autocorrélation simple et partielle ne sont pas significativement différents de 0. Ils sont tous situés dans l'intervalle de confiance matérialisé par les traits verticaux. Par ailleurs, nous pouvons observer que la probabilité critique de la statistique de LJUNG – BOX est, pour tous les retards supérieurs, au seuil $\alpha=5\%$. Sous cette base, nous pouvons accepter l'hypothèse H0 d'absence d'autocorrélation.

Ainsi, les résidus estimés se comportent comme un bruit blanc nous amenant ainsi à penser que notre modèle peut être validé de façon globale. Toutefois, un certain nombre d'hypothèses méritent d'être vérifiées.

1.2 Test sur les résidus

Dans la forme générale d'un modèle ARMA (p,q), les résidus doivent respecter les caractéristiques suivantes :

- ✓ Ils doivent avoir une moyenne nulle ;
- ✓ Ils doivent être non corrélés ;
- ✓ Ils doivent être normaux et homoscédastiques.

Pour vérifier ces hypothèses, on utilise le test de nullité de l'espérance des erreurs, le test de Breusch-Godfrey, le test de Jarque-Bera, le test ARCH de Engel, et enfin le test de Ramsey pour voir si le modèle est bien spécifié.

➢ Nullité de l'espérance des résidus

Le test a pour hypothèse nulle « *l'espérance des erreurs est nulle* » contre l'hypothèse alternative « *l'espérance des erreurs n'est pas nulle* ». On rejette a tort l'hypothèse nulle au seuil de 5% (seuil critique fixe) si la p-valeur donne par le test est inférieure au seuil.

Le résultat de ce test réalisé sur les résidus du modèle retenu montre que ces résidus vérifient l'hypothèse de nullité de l'espérance. En effet la p-valeur (0,823) est supérieure au seuil de signification $\alpha=5\%$. (confère tableau 14 en annexe).

➢ Autocorrélation des résidus

Ce test a pour hypothèse nulle « *les résidus sont non auto corrélés* » contre l'hypothèse alternative « *les résidus sont auto corrélés* ». On rejette à tort l'hypothèse nulle au seuil de 5%, si la p-valeur de la statistique du test est inférieure au seuil.

Nous pouvons voir dans le tableau 15 de l'annexe que la probabilité critique associée au test de Breusch-Godfrey est de 0,1221 ce qui est largement supérieur au seuil critique $\alpha=5\%$, par conséquent nous acceptons l'hypothèse H0 de non-autocorrélation, nous avons donc des résidus non corrélés.

➢ Normalité des résidus

Il a pour hypothèse nulle « *le résidu suit une loi normale* » contre l'hypothèse alternative « *le résidu ne suit pas une loi normale* ». On rejette à tort l'hypothèse nulle au seuil de 5%, si la p-valeur de la statistique du test est inférieure au seuil.

Le résultat du test de normalité de Jarque Bera (tableau 16, annexe) montre que les résidus suivent une loi normale. La p-valeur (0,70) de la statistique de test est supérieure à 5%. Ce résultat est confirmé aussi par le test de Kolmogorov-Smirnov, en effet la p-valeur (tableau 17 en annexe) du test sur les résidus est supérieure à 5%.

> ➢ **Homoscédasticité des résidus**

L'analyse graphique des fonctions d'autocorrélations simple et partielle des résidus élevés au carré nous amène à soupçonner une possible hétéroscédasticité de type ARCH. Afin de confirmer cette intuition, nous allons procéder au test ARCH lui-même.

Il ressort du tableau 18 que la probabilité critique est supérieure au seuil α=5%, par conséquent, nous rejetons l'hypothèse d'hétéroscédasticité des erreurs, d'autant plus que les résidus sont homoscédastiques.

> ➢ **Bonne spécification du modèle**

Lorsque nous procédons au test de Ramsey RESET (tableau 19 en Annexe), nous obtenons une p-valeur qui est de 0,3878. Cette p-valeur étant largement supérieure à 0,05, on ne rejette pas l'hypothèse nulle du test qui stipule que le modèle est bien spécifié.

Étant donné que toutes les hypothèses sont validées, nous pouvons donc conclure que les résidus de notre modèle forment effectivement un processus bruit blanc. Le modèle retenu quant à lui est définitivement valide, mais aussi le mieux approprié pour faire des prévisions à court terme.

V. PRÉVISION

La prévision de l'indice de valeurs unitaires à l'exportation est basée sur le processus ARMA(1,2). Comme la tendance a été ôtée avant de détecter le processus générateur de la chronique, elle sera intégrée dans le modèle de prévision. Ainsi, le modèle général s'écrit sous la forme suivante :

$$Z_t = 0,923058 * Z_{t-1} + 0,199959 * \varepsilon_{t-2} + \varepsilon_t$$

On en déduit : $X_t = 43,908 + 0,3997 * t + 0,923058 * Z_{t-1} + 0,199959 * \varepsilon_{t-2} + \varepsilon_t$

Où ε_t désigne le résidu du modèle ARMA(1,2) à la date t.

Le graphique ci-dessous nous présente l'évolution de la série brute et de la série estimée.

Graphique 8: Superposition de la série brute et de la série estimée

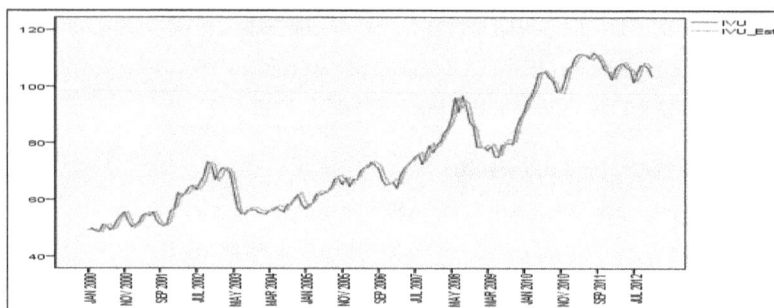

Source: INS, nos calculs

Au regard de ce graphique, l'on peut dire que le modèle retenu a une bonne qualité d'ajustement et donc de prédiction puisque la courbe de la série estimée épouse relativement bien les formes de la courbe de la série brute. Ainsi, sous la base du modèle retenu nous pouvons faire une prévision avec un intervalle de confiance de 5% sur un horizon h=6. Cette prévision part de janvier 2013 à juin 2013.

Tableau 5 : Prévision de l'IVU

Mois	Borne inférieure	Prévision	Borne supérieure
janv-13	98,7073	103,767314	108,8273
févr-13	100,9846	106,044555	111,1046
mars-13	101,6670	106,726959	111,7870
avr-13	101,7840	106,843952	111,9040
mai-13	102,4664	107,526357	112,5864
juin-13	102,5833	107,64335	112,7033

Source: INS, nos calculs

Selon la prévision, l'indice de valeurs unitaires progresse modérément.

L'indice de prix unitaires à l'exportation en glissement mensuel pourrait atteindre sa plus grande valeur en février 2013. Au cours de ce mois, l'indice était de 2,19%, ce qui équivalait à une hausse 1,95% sur l'indice de janvier 2013. En mars 2013, l'indice prévu est de 106,72, soit une augmentation de 0,64% en glissement mensuel. Une légère régression de l'indice global en glissement mensuel est notée en juin 2013, mais avec une valeur positive, soit une hausse de 0,10%.

Une analyse de la prévision en glissement annuel indique que l'indice a connu une baisse successive entre les mois de février et d'avril 2013, au cours desquels l'indice calculé par rapport aux mêmes mois de l'année précédente est négatif et tourne autour de -0,8%. Hormis cette baisse, l'indice global en glissement annuel est à la hausse et atteint la valeur de 1,61% en juin 2013.

LIMITES ET RECOMMANDATIONS

Limites

Les résultats de cette étude souffrent de quelques limites qui pourraient améliorer les analyses ultérieures :

> ➢ L'une des limites de cette étude réside dans le fait que l'on n'a pas pu effectuer différentes prévisions sur les sous-indices des valeurs unitaires à l'exportation. En effet, l'absence de données sur ces sous-indices en est la cause ;
> ➢ Cette étude aurait pu mieux rendre compte de la complexité de l'évolution de l'exportation si on avait pris en compte certains indicateurs comme l'indice de volume et l'indice des valeurs totales.

Recommandations

Compte tenu de nos résultats, nous formulons les suggestions suivantes à l'INS :

> ➢ Élaborer des publications mensuelles ou trimestrielles des indicateurs du commerce extérieur sous formes des notes d'analyses afin de donner aux utilisateurs une vue synthétique de l'évolution mensuelle ou trimestrielle dudit commerce ;
> ➢ Effectuer des enquêtes auprès des entreprises d'export pour obtenir non seulement les véritables prix à l'exportation mais aussi complétées les statistiques collectées par le système informatique douanier ;

CONCLUSION GÉNÉRALE

Le but de cette étude était de décrire et d'expliquer dans un premier temps l'évolution de l'indice de valeurs unitaires à l'exportation de la Côte d'Ivoire entre 2000 et 2012, puis de construire un modèle de prévision de cet indice. Pour ce faire, nous avons utilisé les données de l'Institut National de la Statistique de la Côte d'Ivoire, données mensuelles allant de Janvier 2000 à décembre 2012, et avons procédé comme suit :

L'analyse descriptive montre que le groupe «produits alimentaires, boissons, tabac» (dont *cacao et ses préparations*) joue un rôle déterminant dans les fluctuations de l'indice global, avec un poids est de 46%. L'indice de ce groupe évolue en dessous de 15% en glissement mensuel, et fluctue entre -40% et 80% en glissement annuel. L'indice global quant à lui évolue en dessous de 45% en glissement annuel, et ne dépasse pas 11% (maximum 10,62%) en glissement mensuel. Nous notons également que l'évolution de l'indice global n'est pas épargnée des effets de la crise qu'a connu le pays notamment celle de 2002, mais aussi la crise la crise mondiale de 2008. En effet, l'indice de valeurs unitaires à l'exportation aux mois d'octobre 2002 et de juin 2008 était respectivement de 44,89% et 31,18% en glissement annuel. La crise de 2011 quant à elle, a eu des répercussions négatives sur l'évolution de l'indice.

Pour ce qui est de l'analyse des fluctuations saisonnières, les résultats des différents tests indiquent une absence de l'influence de la saisonnalité. D'après le test de Fisher de comparaison de moyenne à partir d'un modèle d'ANOVA à un facteur fixe, le mouvement général de l'IVU est tendanciel. Ces résultats peuvent être dus au fait que nous avons agrégé les indices des différents groupes de produits, et donc il peut y avoir la présence de l'effet agrégation qui voile la présence de saisonnalité.

Afin de mieux cerner la dynamique du phénomène étudié et faire des prévisions, nous avons vu qu'en appliquant rigoureusement la méthode de Box-Jenkins, le processus ARMA(1,2) était le processus stochastique le mieux adapté pour représenter et modéliser notre chronique sur la période considérée. Nous avons ainsi pu avoir les prévisions pour les six premiers mois de l'année 2013 ; il en ressort que l'IVU en glissement annuel est à la hausse (hormis la baisse observée entre février et avril), enregistre sa plus grande valeur en juin (1,61%), et que la variation mensuelle des prix à l'exportation fluctue entre 0,1% et 2,2%.

BIBLIOGRAPHIE

ADMINISTRATION FEDERALE DES DOUANES (2006), *Indices du commerce extérieur : guide d'utilisateur*, Suisse.

ANSD (2010), *Méthodologie de l'indice des prix du commerce extérieur basée sur les valeurs unitaires*, Sénégal.

BAD,OCDE,PNUD(2014),*perspectives économiques en Afrique: Côte d'Ivoire*, Africaneconomicoutlook

BERTHIER *Jean-Pierre (2000), Introduction à la pratique des indices statistiques,* Note de cours, INSEE.

BOURBONNAIS Régis, *Econométrie, Manuel et Exercices corrigés,* 4e Edition, Pages 231-232

BOURBONNAIS Régis et TERRAZA Michel (2004), *Analyse des séries temporelles en économie,* Dunod, Paris.

BOX G.E.P. et JENKINS G.M. (1976), *Time Series Analysis: Forecasting and Control,* San Francisco: Holden Day.

CENTRE DU COMMERCE INTERNATIONAL (2009), *Statistiques du commerce pour le développement international des entreprises* », Guide d'utilisateur.

INS (2012), *Document de méthodologie d'élaboration des indices du commerce extérieur,* Cameroun.

INSEE (2004), *Indices de valeur unitaire du commerce extérieur*, Note méthodologique.

KRUGMAN Paul R. et MAURICE Obstfeld (2003), Économie Internationale .De Boeck Université, 4ème édition, Bruxelles.

LARDIC S. et MIGNON V. (2002), *Économétrie des séries temporelles macroéconomiques et financières,* Économica.

NGAMPANA Frédéric Roland (2011), *Indice de prix de la production industrielle : Méthodologie et lien avec l'Indice de Production Industrielle (IPI)*, AFRISTAT.

WOLD H. (1954), *A study in the analysis of stationary time series*, Uppsala, Sweden: Almqvist and Wiksell.

ANNEXES

Tableau 6: Organigramme de l'INS de la Côte d'Ivoire

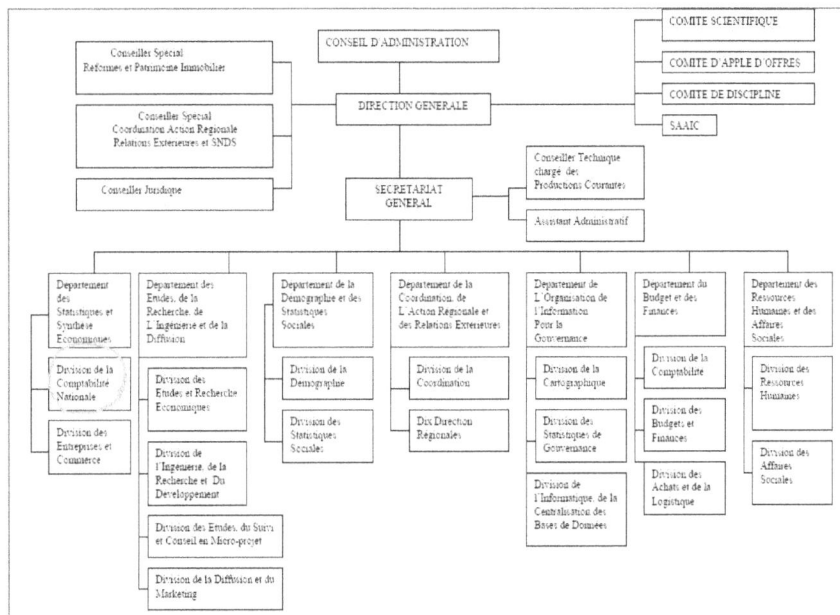

Source: INS

Graphique 9 : Evolution en glissement annuel de l'IVUPBT(en %)

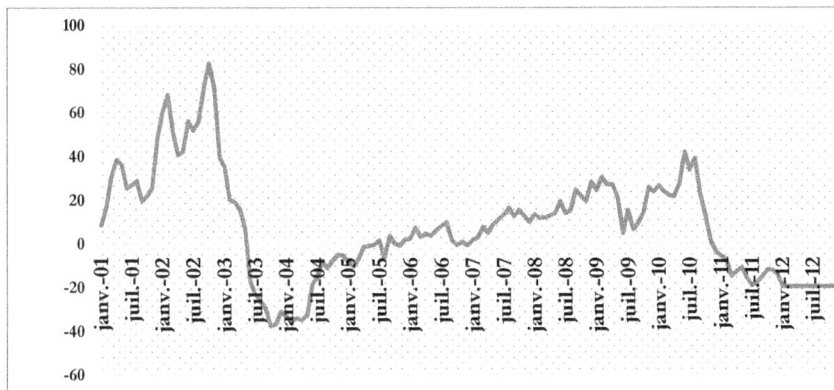

Source: INS, nos calculs

Rédigé par DJAMAL ACYL MOUSTAPHA, *Élève Ingénieur d'Application de la Statistique, 3ème année*

Graphique 10: Evolution en glissement annuel de l'Indice global (en %)

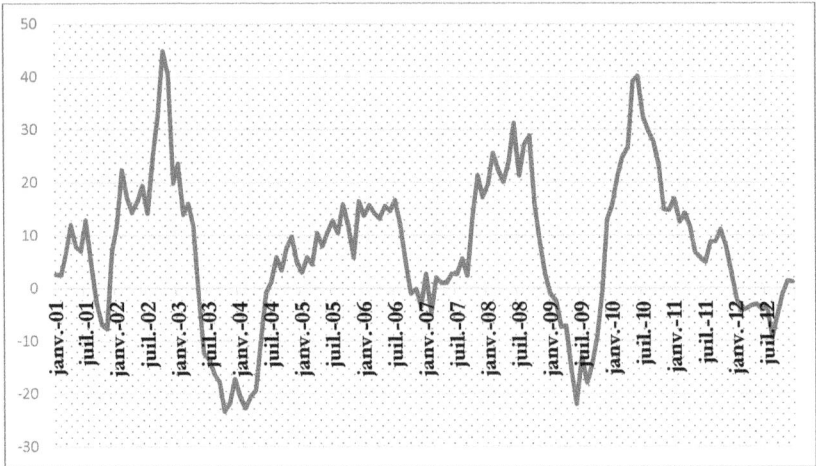

Source: INS, nos calculs

Graphique 11: Superposition de l'IVU et de l'IPBTGM

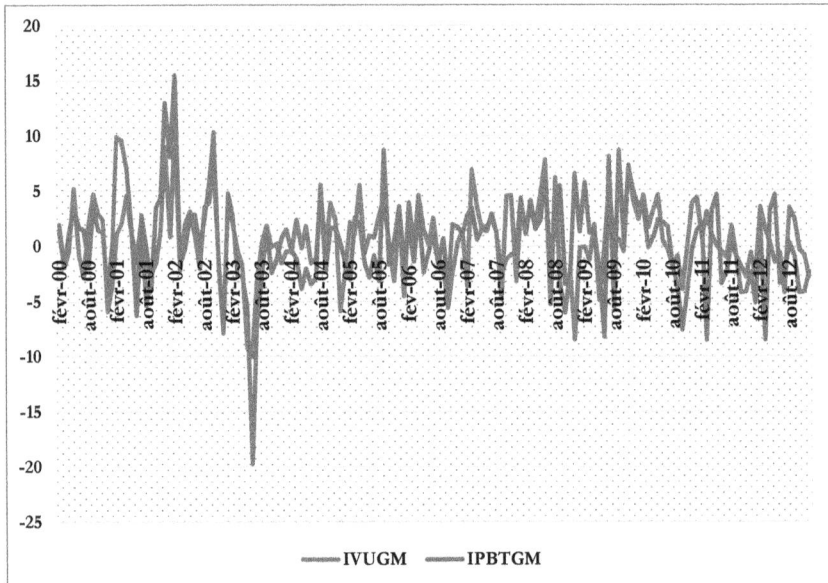

Source: INS, nos calculs

Tableau 7: Table de Buys-Ballot.

	Moy	Ecart		Moyenne	Ecart-t
2000	51,06	2,07	Janv.	71,25	18,38
2001	52,9	1,9	Févr.	72,71	18,89
2002	65,06	4,31	Mars	73,76	19,64
2003	61,26	6,42	Avril	75,18	19,71
2004	57,35	1,94	Mai	75,57	19,89
2005	62,87	3,42	Juin	75,6	20,72
2006	68,73	2,76	Juillet	75,11	19,96
2007	72,47	4,13	Août	76,21	20,58
2008	87,2	5,73	Sept	76,22	20,1
2009	79,61	3,58	Oct	75,85	18,86
2010	100	4,02	Nov	76,03	18,34
2011	109,24	2,25	Déc	75,11	18,43
2012	105,72	1,99			

Source: INS, *nos calculs*

Tableau 8: Test de Buys-Ballot

Modèle	Coefficients non standardisés		Coefficients standardisés		
	A	Erreur standard	Bêta	t	Sig.
(Constante)	2,419	1,622		1,491	,164
Moyenne	,016	,021	,221	,753	,467

Source: INS, nos calculs

Tableau 9: coefficients saisonniers estimés par régression linéaire

Coefficients

Modèle		Coefficients non standardisés		Coefficients standardisés		
		A	Erreur standard	Bêta	t	Sig.
1	(Constante)	43,354	1,280		33,871	,000
	Temps	,403	,014	,922	28,438	,000
	Janvier	-1,334	2,109	-,028	-,633	,528
	Février	-,644	2,109	-,013	-,305	,761
	Mars	-,199	2,108	-,004	-,094	,925
	Avril	,994	2,108	,021	,471	,638
	Mai	1,257	2,108	,026	,596	,552
	Juin	,680	2,108	,014	,323	,747
	Juillet	,125	2,108	,003	,059	,953
	Août	,546	2,108	,011	,259	,796
	Septembre	,166	2,108	,003	,079	,937
	Octobre	-,430	2,108	-,009	-,204	,839
	Novembre	-,251	2,109	-,005	-,119	,906

Source: INS, nos calculs

Tableau 10: Résultats de l'estimation des coefficients saisonniers estimés par régression linéaire

Récapitulatif des modèles

Modèle	R	R-deux	R-deux ajusté	Erreur standard de l'estimation
1	,922ᵃ	,851	,838	7,93736223

ANOVA

Modèle		Somme des carrés	ddl	Moyenne des carrés	D	Sig.
	Régression	51339,261	12	4278,272	67,907	,000ᵃ
	Résidu	9009,246	143	63,002		
	Total	60348,506	155			

Source: INS, nos calculs

Tableau 11: Coefficients saisonniers

Mois	Coefficients Provisoires	Coefficients Définitifs
Janvier	-1,762022244	-1,796995292
Février	-0,594184262	-0,62915731
Mars	0,24173521	0,206762162
Avril	1,421101631	1,386128583
Mai	1,266219469	1,231246421
Juin	0,983119433	0,948146385
Juillet	0,409827028	0,37485398
Août	0,928433458	0,89346041
Septembre	0,321077412	0,286104364
Octobre	-0,467370657	-0,502343705
Novembre	-0,598385559	-0,63335607
Décembre	-1,729874343	-1,764847391
Moyenne	0,034973048	0

Source: INS, nos calculs

Tableau 12 : Estimation des paramètres de la tendance

Dependent Variable: IVU
Method: Least Squares
Date: 09/18/14 Time: 05:24
Sample (adjusted): 2000M01 2012M12
Included observations: 156 after adjustments

Variable	Coefficient	Std. Error	t-Statistic	Prob.
C	43.90801	1.216130	36.10469	0.0000
T	0.399679	0.013568	29.45790	0.0000

R-squared	0.849281	Mean dependent var	74.88315
Adjusted R-squared	0.848302	S.D. dependent var	19.59329
S.E. of regression	7.631274	Akaike info criterion	6.915124
Sum squared resid	8968.397	Schwarz criterion	6.954225
Log likelihood	-537.3797	Hannan-Quinn criter.	6.931005
F-statistic	867.7680	Durbin-Watson stat	0.112832
Prob(F-statistic)	0.000000		

Source: INS, nos calculs

Tableau 13: Estimation du modèle ARMA(1,2)

Dependent Variable: ZT
Method: Least Squares
Date: 09/18/14 Time: 07:05
Sample (adjusted): 2000M02 2012M12
Included observations: 155 after adjustments
Convergence achieved after 7 iterations
MA Backcast: 1999M12 2000M01

Variable	Coefficient	Std. Error	t-Statistic	Prob.
AR(1)	0.923058	0.030926	29.84746	0.0000
MA(2)	0.199959	0.000283	707.1381	0.0000

R-squared	0.893176	Mean dependent var	-0.033884
Adjusted R-squared	0.892478	S.D. dependent var	7.619454
S.E. of regression	2.498460	Akaike info criterion	4.682046
Sum squared resid	955.0726	Schwarz criterion	4.721316
Log likelihood	-360.8585	Hannan-Quinn criter.	4.697996
Durbin-Watson stat	1.705906		
Inverted AR Roots	.92		

Source: INS, nos calculs

Graphique 12: Corrélogramme des résidus

	AC	PAC	Q-Stat	Prob
1	0.142	0.142	3.1745	
2	-0.020	-0.041	3.2361	
3	0.041	0.051	3.5109	0.061
4	-0.091	-0.108	4.8317	0.089
5	0.087	0.124	6.0628	0.109
6	-0.020	-0.066	6.1254	0.190
7	0.044	0.082	6.4383	0.266
8	-0.033	-0.088	6.6237	0.357
9	-0.177	-0.129	11.847	0.106
10	0.081	0.108	12.957	0.113
11	-0.034	-0.061	13.155	0.156
12	-0.084	-0.067	14.364	0.157
13	0.063	0.060	15.045	0.180
14	-0.030	-0.009	15.199	0.231
15	0.011	-0.003	15.222	0.294
16	-0.184	-0.198	21.125	0.098
17	-0.086	-0.015	22.436	0.097
18	-0.024	-0.067	22.538	0.127
19	-0.088	-0.013	23.938	0.121
20	0.050	-0.009	24.385	0.143
21	0.098	0.117	26.114	0.127
22	-0.033	-0.047	26.308	0.156
23	0.035	0.053	26.520	0.187
24	0.053	0.033	27.052	0.209
25	0.101	0.063	28.969	0.181
26	-0.127	-0.202	32.001	0.127
27	-0.082	-0.015	33.288	0.124
28	0.025	-0.046	33.405	0.151
29	-0.035	0.048	33.637	0.177
30	0.059	0.022	34.320	0.191
31	0.003	-0.006	34.322	0.228
32	0.034	0.049	34.557	0.259
33	0.011	0.017	34.583	0.301
34	-0.017	-0.045	34.644	0.343
35	0.083	0.013	36.050	0.328
36	-0.017	-0.030	36.107	0.370

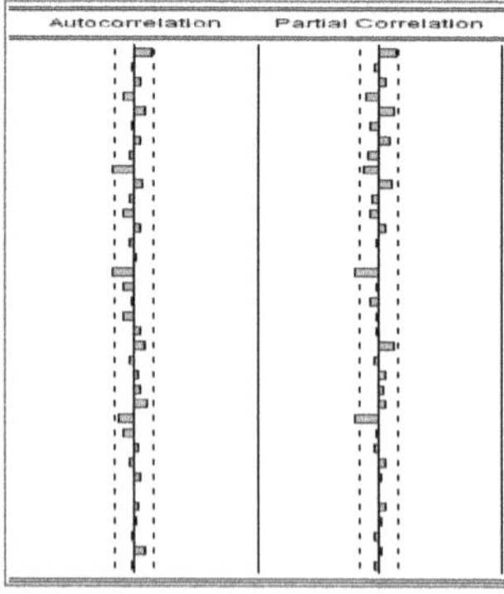

Source: INS, nos calculs

Tableau 14: Résultat du test de nullité des résidus

Test sur échantillon unique

	Valeur du test = 0					
				Différence	95% de la différence	
	-t	ddl	Sig. (bilatérale)	Moyenne	Inférieure	Supérieure
Résidus	-,224	155	,823	-,04449	-,4370	,3480

Source: INS, nos calculs

Tableau 15: Résultat du test de Breusch-Godfrey

```
Breusch-Godfrey Serial Correlation LM Test:

F-statistic      2.132880   Prob. F(2,151)        0.1221
Obs*R-squared    4.209396   Prob. Chi-Square(2)   0.1219
```
Source: INS, nos calculs

Tableau 16: Résultat du test de Jarque-Bera

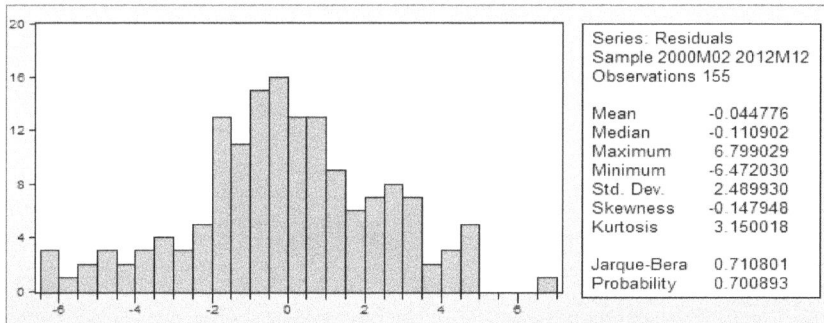

Source: INS, nos calculs

Tableau 17: Résultat du test de Kolmogorov-Smirnov à un échantillon

Test Kolmogorov-Smirnov à un échantillon

		Résidus
N		156
Paramètres Normaux	Moyenne	-,0445
	Ecart-type	2,48189
Différences les plus extrêmes	Absolue	,053
	Positive	,041
	Négative	-,053
Z Kolmogorov-Smirnov		,667
Signification asymptotique (bilatérale)		,765

Source: INS, nos calculs

Tableau 18: Résultat du test ARCH

Heteroskedasticity Test: ARCH			
F-statistic	2.670078	Prob. F(1,152)	0.1043
Obs*R-squared	2.658511	Prob. Chi-Square(1)	0.1030

Source: INS, nos calculs

Tableau 19: Résultat du test de Ramsey RESET

	Value	df	Probability
t-statistic	0.866086	152	0.3878
F-statistic	0.750104	(1, 152)	0.3878
Likelihood ratio	0.763028	1	0.3824

WARNING: the MA backcasts differ for the original and test equation. Under the null hypothesis, the impact of this difference vanishes asymptotically.

Source: INS, nos calculs

Tableau 20: Choix des ordres p et q

Modèles	Critère d'Akaike	Critère de Schwarz
AR(1)	4,704894	4,724529
MA(12)	non significative	
ARMA(1,1)	non significative	
ARMA(1,2)	4,687305	4,726575
ARMA(1,3)	non significative	
ARMA(1,4)	4,705208	4,744478
ARMA(1,5)	4,711117	4,750387
ARMA(1,6)	4,690979	4,730249
ARMA(1,7)	4,717439	4,756709
ARMA(1,8)	non significative	
ARMA(1,9)	4,665844	4,705114
ARMA(1,10)	non significative	
ARMA(1,11)	non significative	
ARMA(1,12)	non significative	

Source: INS, nos calculs

Graphique 13:Evolution en % de l'IVU à l'exportation de 2000 à 2012

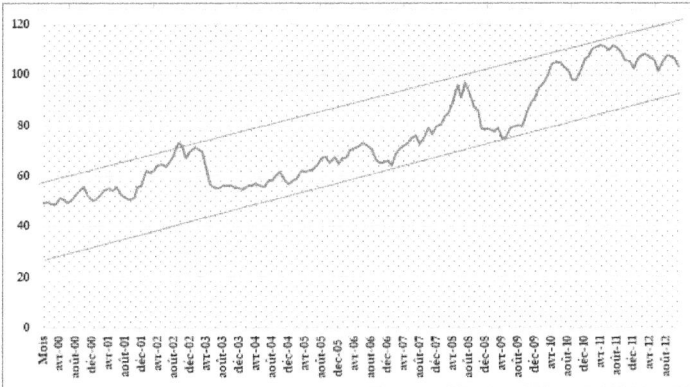

Source: INS, nos calculs

Annexe A : Résultats de l'ANOVA pour la détection de la saisonnalité

Tableau 1 : statistiques descriptives

Mois	Moyenne	Ecart type	Maximum	Minimum	Kurtosis	Skewness
Janvier	71,3923	19,41488	106,30	49,20	-,573	,755
Février	72,5077	19,26328	107,10	49,80	-,691	,701
Mars	73,3385	19,73506	110,40	48,80	-,622	,697
Avril	74,9308	20,10694	111,50	48,60	-,684	,661
Mai	75,5923	20,76866	111,50	51,10	-,879	,751
Juin	75,4231	21,31764	111,00	50,70	-1,210	,621
Juillet	75,2692	21,02068	109,90	49,30	-1,187	,525
Août	76,0923	21,27085	112,00	50,30	-1,234	,487
Septembre	76,1154	20,77337	110,90	51,30	-1,112	,542
Octobre	75,9538	19,76881	109,00	50,60	-,843	,553
Novembre	76,5077	19,96883	112,70	51,30	-,862	,555
Décembre	76,2692	21,34289	118,40	52,30	-,510	,792

Source: INS, nos calculs

Graphique 1 : Histogramme de l'IVU

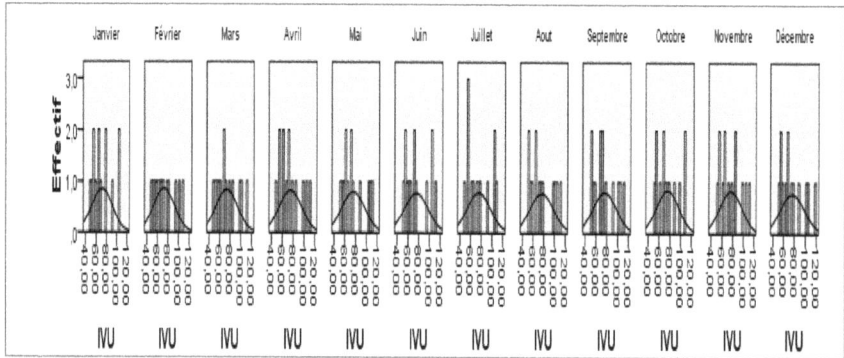

Source: INS, nos calculs

Graphique 2 : Boites a Moustaches de l'IVU par mois

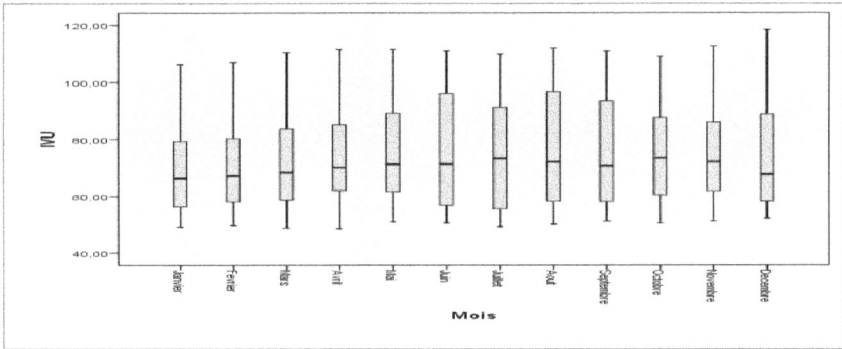

Source: INS, nos calculs

Tableau 2 : Résultats de l'ANOVA et Test d'homogénéité des variances

ANOVA

	Somme des carrés	ddl	Moyenne des carrés	F	Signification
Intergroupes	387,338	11	35,213	,085	1,000
Intra-groupes	59981,792	144	416,540		
Total	60369,130	155			

Test d'homogénéité de variance

Statistique de Levene	ddl1	ddl2	Signification
,060	11	144	1,000

Source: INS, nos calculs

Graphique 3 : PP-plot de résidu standardisé

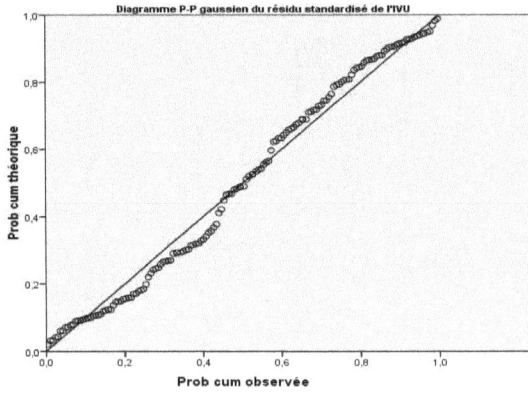

Source: INS, *nos calculs*

Annexe B : Résultats de l'ANOVA pour la détection de la tendance

Tableau 1 : statistiques descriptives

Année	Moyenne	Ecart type	Minimum	Maximum	Kurtosis	Skewness
2000	51,0583	2,24315	48,60	55,60	-,097	,903
2001	52,8833	2,05508	50,40	55,90	-1,721	,279
2002	65,0750	4,67919	56,40	73,30	,261	,172
2003	61,2500	6,96713	55,00	71,10	-1,805	,582
2004	57,3500	2,11123	54,90	61,80	,349	,971
2005	62,8583	3,72301	56,80	67,70	-1,076	-,181
2006	68,7333	2,99191	64,60	73,20	-1,657	-,004
2007	72,4500	4,49171	63,90	79,10	-,311	-,562
2008	87,2083	6,24026	78,60	96,70	-1,140	,145
2009	79,6250	3,90550	75,00	88,80	2,133	1,390
2010	100,0083	4,37627	90,90	105,10	-,030	-,718
2011	109,2333	2,43883	105,30	112,00	-1,412	-,574
2012	106,6083	4,67964	102,40	118,40	2,999	1,780

Source: INS, *nos calculs*

Graphique 1 : Histogramme de l'IVU

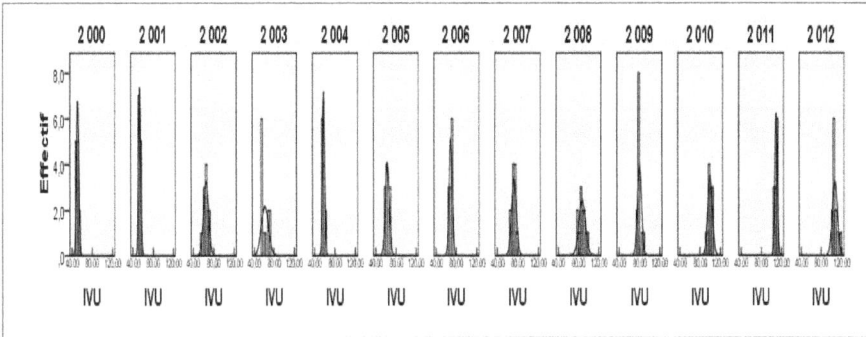

Source: INS, nos calculs

Graphique 2 : Boites a Moustaches de l'IVU par année

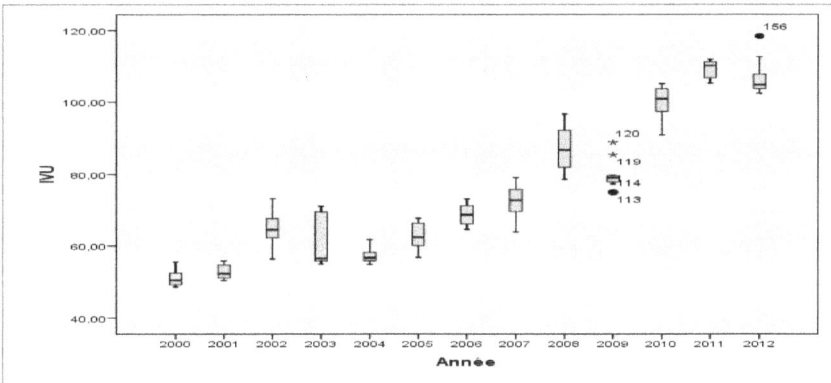

Source: INS, nos calculs

Tableau 2 : Résultats de l'ANOVA et Test d'homogénéité des variances

ANOVA

	Somme des carrés	ddl	Moyenne des carrés	F	Signification
Intergroupes	57857,519	12	4821,460	274,513	,000
Intra-groupes	2511,611	143	17,564		
Total	60369,130	155			

Test d'homogénéité de variance

Statistique de Levene	ddl1	ddl2	Signification
4,344	12	143	,000

Source: INS, nos calculs

Graphique 3 : PP-plot de résidu standardisé

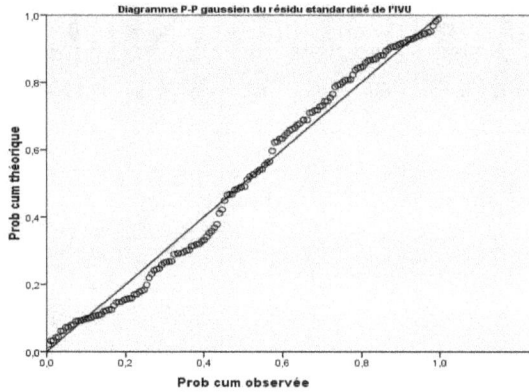

Source: INS, nos calculs

www.ingramcontent.com/pod-product-compliance
Lightning Source LLC
Chambersburg PA
CBHW021607210326
41599CB00010B/649